普通高等教育材料类专业"十三五"系列教材

材料电化学实验指导书

席生岐 吴宏京 赵文轸 编著

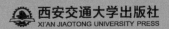

西安交通大学出版社
XI'AN JIAOTONG UNIVERSITY PRESS

内容提要

材料电化学主要研究发生在阳极和阴极上的离子、电子及原子的转移规律，即从电化学的角度来研究材料的科学与工程问题。材料电化学在理论上论述的是材料的氧化和还原问题，在材料工程上是研究腐蚀与电沉积问题。迄今在材料科学与工程领域对材料电化学还没有引起足够的重视，没有开设专门的课程。为了让学生了解这一领域，借助西安交通大学的开放实验教学方式，吸引对这一领域有兴趣的学生，选择开设了相关的实验。希望对学生的自主开放实验提供指导帮助，提高学生动手实践能力，使学生完成任何一个实验都能有所收获，开启学生通过电化学来研究材料的新思路。

图书在版编目(CIP)数据

材料电化学实验指导书/席生岐,吴宏京,赵文轸编著.—西安:西安交通大学出版社,2016.12(2023.2重印)
ISBN 978-7-5605-9231-2

Ⅰ.①材… Ⅱ.①席… ②吴… ③赵… Ⅲ.①材料科学-电化学-化学实验-高等学校-教学参考资料 Ⅳ.①TB3-33

中国版本图书馆 CIP 数据核字(2016)第 303383 号

书　　名	材料电化学实验指导书
编　　著	席生岐　吴宏京　赵文轸
责任编辑	屈晓燕

出版发行　西安交通大学出版社
　　　　　（西安市兴庆南路1号　邮政编码710048）
网　　址　http://www.xjtupress.com
电　　话　(029)82668357　82667874(市场营销中心)
　　　　　82669096(总编办)
传　　真　(029)82668280
印　　刷　西安日报社印务中心

开　　本　727 mm×960 mm　1/16　　印张　4.75　　字数　82千字
版次印次　2016 年 12 月第 1 版　　2023 年 2 月第 2 次印刷
书　　号　ISBN 978-7-5605-9231-2
定　　价　12.00 元

如发现印装质量问题,请与本社市场营销中心联系。
订购热线:(029)82665248　(029)82667874
投稿热线:(029)82664954
读者信箱:eibooks@163.com

前　言

　　电化学是物理化学的一个重要组成部分,是研究电能和化学能之间的相互转化及转化过程中有关规律的科学,学科领域主要是用电和电子的理论来说明化学中的氧化和还原问题。材料电化学主要研究发生在阳极和阴极上的离子、电子及原子的转移规律,即从电化学的角度来观察研究材料的科学与工程问题,实际上是材料的氧化和还原问题,在材料工程上是腐蚀与电沉积问题。近年来材料电化学的发展很快,已引起了材料科学与技术界的高度重视。

　　生产实际的需要是推动材料电化学学科发展的基本动力,材料电化学应用技术至今已成为材料工程与科学的重要组成部分。材料电化学是将有关的电化学原理应用于与材料的生产和应用过程相关的领域,主要涉及的是金属的表面精饰、腐蚀及防护,也可以拓宽到其他领域,如电池特性的评定、电化学传感器的开发以及无机、有机化合物的电解合成等,材料电化学在国民经济中的作用正日益加强。

　　然而,迄今在材料科学与工程领域对材料电化学还没有引起足够的重视,没有开设专门的课程。为了让学生了解这一领域,借助西安交通大学的开放实验教学方式,吸引对这一领域有兴趣的学生,选择开设了相关的实验。虽然可以开设的实验项目有很多,但根据我们的现有条件及少而精的选取原则,仅选编了几个基本的实验,目的仅仅作为学生了解材料电化学的入门,要更深入地掌握该学科知识还需进一步努力,这些实验只能算是"抛砖引玉"。

　　为配合"材料电化学实验"这一开放实验的教学,我们编写了这本实验指导书。实验指导书是需要实际操作的知识和经验,为此,既要了解材料电化学实验的原理,也要能实际开展相关的实验。本书的编写是在作者多年来科研实践的基础上,参照一些专门科技资料编写而成的,主要目的在于培养学生在理解实验原理的基础上,加强对学生动手能力的指导。

　　由于编者水平有限,书中难免有错误和不足,恳请读者指正。

编　者

目　录

实验 *1*

阳极极化与阳极极化曲线的测定

1.1　实验意义

阳极极化曲线法是研究电极过程动力学的最基本也是最主要的一种方法。对于金属腐蚀，它不但可以提供腐蚀电位、腐蚀电流、材料的电化学腐蚀活性及钝化程度，还可以为阳极保护提供必要的电化学参数。它也可作为金属电沉积这一特定电极过程的重要研究手段。

1.2　实验目的和要求

(1)掌握恒电位法测定阳极极化曲线的原理和方法。
(2)学会分析阳极极化曲线的特点。
(3)学会通过阳极极化曲线的测定，判定实施阳极保护的可能性，初步选取阳极极保护的技术参数。
(4)掌握用恒电位仪动态扫描测定金属极化曲线的使用方法。

1.3　基本原理

阳极电位和电流的关系曲线叫做阳极极化曲线。为了判定金属在电解质溶液中采取阳极保护的可能性，选择阳极保护的三个主要技术参数——致钝电流密度、维钝电流密度和钝化区的电位范围，需要测定阳极极化曲线。

1.平衡电极电位

将金属(电极)浸入该金属的盐类溶液中时,它就具有一定的电极电位。由于此时电极处于平衡状态(即电极上某物质的氧化反应速度与该物质氧化后产物的还原速度相等),故特称此时的电极电位为平衡电极电位,记为 $\varphi_{平}$,一般简写为印平。平衡电位是电极的一个热力学参量,它是一个相对值。一定要牢记的是此时电极上没有任何外电流通过。

2.电极的极化

当电极上有电流通过时,电极电位就偏离平衡电位,这种现象称为"极化"。当通过电极的电流为 i 时,建立的新电极电位为 φ_i。φ_i 与 $\varphi_{平}$ 之间的差值叫做"过电位",通常用 $\Delta\varphi$ 表示,即

$$\Delta\varphi = \varphi_i - \varphi_{平}$$

当电极进行阳极极化时,电极电位(此时记作 φ_A)就向正的方向移动,则 $\varphi_A > \varphi_{平}$,故 $\Delta\varphi_A$ 为正值;当电极进行阴极极化时,电极电位(此时记作 φ_K)向负方向移动,则 $\varphi_K < \varphi_{平}$,故 $\Delta\varphi_K$ 为负值。

3.极化曲线

电流通过电极时电极电位的偏移程度是与通过电极上的电流密度(单位电极面积上通过的电流强度)密切相关的,电流密度愈大,则电极电位移动的绝对值也愈大。把电极电位与电流密度间的这种依赖关系画于二维坐标图上所得到的曲线就叫极化曲线。

图 1-1 所示的是一条阴极极化曲线和阳极极化曲线的示意图。在稳态情况下,极化曲线代表了在该电解液中电极反应速度(电流密度为 i)与电极电位的关系,它是一条动力学曲线。对于一个极化曲线而言,在任一给定的电流密度从极化曲线上的这一点做一切线(例如 PQ),就得到该点的斜率,其含义就是当电流密度改变时电极电位变化的

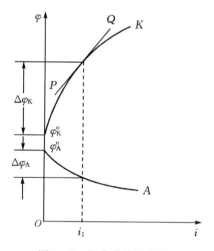

图 1-1　极化曲线示意图

大小,具体表示为 $\Delta\varphi_K/\Delta_i$,在电化学中给它一个专用名词叫极化度,亦即电极电位或电极极化随电流密度改变的程度。由于极化曲线不是一条直线,所以可想而知在不同电流密度范围内,它所给出的极化度是不同的。

4.阳极极化

对于金属电极反应来说,阳极极化可写成如下的通式:

$$M = M^{n+} + ne$$

在金属的腐蚀过程中,它进行的是不可逆的阳极反应,即金属氧化后,生成金属离子和当量的电子。金属产生阳极极化的原因如下:

(1)阳极反应过程中,如果金属离子离开晶格进入溶液的速度比电子离开阳极表面的速度慢,则在阳极表面上就会积累较多的正电荷而使阳极电位向正的方向移动,这样的阳极极化称为阳极的电化学极化。

(2)阳极反应产生的金属离子进入并分布在阳极表面附近的溶液中,如果这些金属离子向溶液深处扩散的速度比金属离子从晶格进入阳极表面附近溶液的速度慢,就会使阳极表面附近的金属离子浓度逐渐增加,因而阳极电位就向正的方向移动,这称为阳极的浓度极化。

(3)很多金属在特定条件的溶液中能在表面生成保护膜使金属进入钝态。这种保护膜能阻碍金属离子从晶格进入溶液的过程,而使阳极电位剧烈地向正的方向移动。同时由于在金属表面形成了保护膜而使体系的电阻大为增加,因此当有电流通过时就产生很大的欧姆电位降,而这部分欧姆电位降将包含在阳极电位的测量中。所以因生成保护膜(或钝化膜)而引起的阳极极化,通常称为阳极的电阻极化。

综上所述,可知导致阳极极化的原因有三种。但对于具体的腐蚀体系,这三种原因不一定同时出现,或者虽然同时出现但程度有所不同。例如,某些金属在活性状态下的腐蚀,阳极的电化学极化很小,因不形成表面膜故也不存在电阻极化,如果溶液体积很大或者腐蚀产物的溶解度很小,则浓度极化也很微弱。这种情况下阳极极化曲线见图 1-2。阳极极化率较小,阳极极化曲线较平坦(如图 1-2 中的 $\varphi_a^o \sim BC$),金属阳极溶解反应将较容易进行。

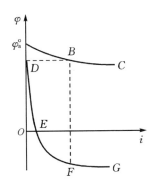

图 1-2　阳极极化曲线

对处于钝态下的金属来说,阳极极化程度很大,其极化曲线有着很大的极化率。阳极的去极化就是消除或减弱阳极极化的作用。例如,向溶液中加入络合剂或沉淀剂,由于与金属离子形成难离解的络合物或沉淀物,不仅会使金属表面附近溶液中金属离子的浓度大大降低,而且,还会在一定程度上加快金属离子从晶格进入溶液的速度,以进一步与之形成络合物或沉淀物,这样既基本上消除了阳极的浓度极化,同时又减弱了阳极的电化学极化。又如,向使金属处于钝态的溶液中加入某种活性阴离子,将破坏已形成的钝态使金属重新回到活性溶解状态,从而消除因形成保护膜而产生的阳极的电阻极化。此外,搅拌溶液或使溶液的流速加快,也可以消除或减弱阳极的浓度极化。

　　总之,阳极的极化可以减缓金属腐蚀过程,而阳极的去极化则加速金属腐蚀过程。

　　由于阳极过程动力学规律要比阴极过程更复杂,所以若用恒电流法顺测与逆测得到的阳极极化曲线存在下行和上行两线段,故可能在不同极化电位下具有相同极化电流密度。因此,只有采用恒电位法才能测得完整的钝化特征线。

　　实际上在进行上述两种方法的测量时,由于阳极反应造成电极表面状态随时都在变化,所以较难得到稳定的电流或电位值。

　　阳极极化曲线典型地体现了阳极过程的复杂性,特别是在钝化过渡区充分反映了因钝化-活化交替进行而导致电流的剧烈振荡。图 1-3 是采用恒电位方法测得的金属钝化过程典型的阳极极化曲线示意图,可分为四个区:

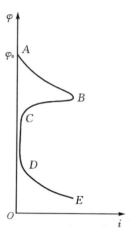

图 1-3　采用恒电位方法测得的金属钝化过程典型的阳极极化曲线示意图

　　(1)A～B区:金属按正常的阳极溶解规律进行着。金属处于活性溶解状态,以低价的形式溶解为水化离子。

$$M \rightarrow M^{n+} + ne$$

　　对于 Fe 来说,即为　　$Fe \rightarrow Fe^{2+} + 2e$

　　曲线从金属的腐蚀电位出发,电流随电极电位的升高而增大,基本上服从塔菲尔规律。

　　(2)B～C区:当电极电位到达某一临界值时,金属的表面状态发生突变,金属开始钝化了。这时阳极过程按另一规律沿着 BC 向 CD 过渡,电流急剧下降。在金属表面上可能生成二价到三价的过渡氧化物,其化学反应式为

$$3M + 4H_2O \rightarrow M_3O_4 + 8H_+ + 8e$$

　　对于铁即为

$$3Fe + 4H_2O \rightarrow Fe_3O_4 + 8H^+ + 8e$$

　　通常称 B～C 区为钝化过渡区。相应于 B 点的电位($\varphi_{钝化}$)和电流密度($i_{钝化}$)分别叫致钝电位和致钝电流密度。这标志着金属钝化的开始,具有特殊的意义。

　　(3)C～D区:金属处于稳定的钝态,故称为稳定钝态区。此时金属以 $i_{维钝}$(即维持钝态电流密度)的速度溶解着。$i_{维钝}$基本上与电极电位的变化无关(即不再服

从塔菲尔规律）。这时金属表面上可能生成一层耐蚀性好的高价氧化物膜,其化学反应式为

$$2M + 3H_2O \rightarrow M_2O_3 + 6H^+ + 6e$$

对于铁其化学反应式为: $2Fe + 3H_2O \rightarrow Fe_2O_3 + 6H^+ + 6e$

(4)D~E区:电流再次随电极电位的升高而增加,金属进入过钝化区。这可能是由于氧化膜进一步氧化生成更高价的可溶性氧化物。

由上可见,金属在整个阳极过程中,由于它的电极电位处于不同范围,其电极反应各不相同,腐蚀速度也各不一样。倘若能将金属的电极电位保持在稳定钝化区内,即可大为减慢金属的腐蚀速度。

如前所述,由于阳极过程动力学规律要比阴极过程更复杂,所以若用恒电流法顺测与逆测得到的阳极极化曲线存在下行和上行两线段,故可能在不同极化电位下具有相同极化电流密度,因此恒电流法测不出上述曲线的 BCDE 段。在金属受到阳极极化时其表面发生了复杂的变化,电极电位成为电流密度的多值函数,因此当电流增加到 B 点时,电位即由 B 点跃增到最高电位的 E 点,金属进入了过钝化状态,采用恒电流法反映不出金属进入钝化区的情况,只有采取恒电位法才能测得完整的阳极极化曲线。

而实际上在用恒电位法进行完整的阳极极化曲线测量时,由于阳极反应造成电极表面状态随时都在变化,所以较难得到稳定的电流或电位值。特别是当钝化作用和活化作用交叉在一起时,还可观察到电流或电位发生振荡的现象,故极化曲线的形状和参数(如 $\varphi_{钝化}$, $i_{钝化}$, $i_{维钝}$ 等)在很大程度上依赖于测量速度(即改变电流或电位的速度),且按不同方向改变极化条件时,所测得的极化曲线也可能很不相同。

本实验采用逐点恒定阳极电位,同时测定对应的电流值,并在半对数坐标纸上绘成 φ - $\lg i$ 曲线,即为恒电位阳极极化曲线。

铁在硫酸中的钝化现象是阳极极化引起的,属于电化学钝化。它的阳极极化曲线典型地体现了阳极过程的复杂性。特别是在钝化过渡区充分反映了因钝化-活化交替进行而导致电流的剧烈振荡。

1.4 实验装置(电化学工作站)简介

1.概述

CorrTest 电化学测试系统由 CS 系列电化学工作站(恒电位/电流仪)和 CorrTest 控制与数据分析软件组成。它在电极过程研究、化学电源、电镀、电解、相分

析、金属腐蚀研究、电化学保护参数测定等方面具有广泛用途。

CS 系列电化学工作站由高品质 CMOS 和 BiFET 集成电路组成,具有控制精度高、响应速度快、性能稳定、结构紧凑、自动化程度较高的特点,该系统内置高速微控制器和高精度 24 bit 双路 AD 转换器,可以实现高精度的数据采集,采用 USB 口与 PC 机进行通信。

CS 系列工作站内置 DDS 和双路信号相关积分电路,提高了交流阻抗的测量精度,测试频率范围从 100 kHz~10 Hz,可以自动进行开路电位下或任意直流偏压下的电化学阻抗测试,内置直流偏置补偿电路可有效地提高交流信号的测量精度。激励正弦波的幅值可以从 0~2.5 V 进行任意设定。阻抗测试输出的数据格式与 Zview 兼容,可以直接调用 Zview 进行阻抗谱分析。CS350 电化学工作站还可输出正弦波、方波、三角波、锯齿波等,输出频率为 0~100 kHz。

CS 系列仪器均具有按设定时间间隔自动定时测量功能。CS 系列工作站还具有较强的电分析功能,包括线性扫描伏安、循环伏安、阶梯循环伏安和差分脉冲伏安、常规脉冲伏安和方波伏安分析等,配合玻碳电极可广泛用于痕量重金属和有机物的测定,特别是环境样品的检测分析。CS354 系列为四通道版本,采用定时循环方式实现多四通道电解池的循环测量。CS2350 双恒电位仪工作站内置两套恒电位/恒电流仪,可用于旋转环盘电极测试和氢原子扩散系数测量。

CS 系列工作站内部 MCU 控制程序采用了 IAP 在线下载方式,内核升级可以通过 Internet 网络进行传送并通过 USB 下载,让仪器内核升级更加快捷方便。

2.技术指标

(1)模拟部分

①恒电位控制范围:±2.5 V,±5.0 V,±10 V;控制精度:0.1%×满量程读数 ±1 mV;恒电流控制范围:−2 A~2 A;控制精度:0.1%×满量程读数。

②最大输出电流:0~±2 A(短时),0~±1.6 A(长期);输出槽压:±21 V。

③输入阻抗:>10^{12} Ω||20 pF。

④信号响应速率:>1 μs;最大扫描速率:>20000 V/s。

⑤电流测量范围:0~±2.0 A,分八档量程(200 nA~2 A)。

⑥阻抗测量范围:115 kHz~10 μHz。

(2)数字部分

①通信接口:USB 接口。

②外控接口:控制旋转圆盘电机或者石英晶体天平。

③数据分辨率:AD 双路 16~24 bit,DA 双路 16 bit;转换时间:10 μs。

④电位测量范围:0~±2.5 V,0~±5.0 V,0~±10.0 V;电位测量精

度:10 μV。

⑤电流测量精度:10 pA;电流测量范围:0～±2 A。

⑥电源:交流 220 V/50 Hz±10%;功耗:<100 W。

⑦体积:36 cm(宽)×30 cm(深)×14 cm(高);重量:≤6 kg。

⑧工作环境条件:温度-10～40℃,相对湿度 75% 以下。空气中无强烈腐蚀性气体。

3.面板说明

本仪器前面板元件布置如图 1-4 所示。

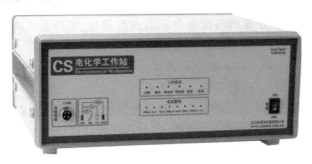

图 1-4　CS系列电化学测试系统前面板

(1)电极电缆插头——测量线缆输入端口(四通道有四个端口),每条电缆线包括 4 个电极夹:

①绿色电流线(绿色护套夹)接工作电极 WE;

②红色电流线(红色护套夹)接辅助电极 CE;

③黄色电位线(黄色护套夹)接参比电极 RE;

④黑色屏蔽地线(黑色护套夹)接屏蔽箱或者电偶电极Ⅱ。

绿色护套夹中包括两根导线:电流线和电位线,这种设计主要是为避免导线压降引起的电位测量和控制误差。

(2)过载指示灯——指示灯亮表明输出电流已超过设定量程满刻度值的 120%。

(3)极化指示灯——指示灯亮表明电极处于极化状态。

(4)电流量程指示灯——绿色指示灯显示当前电流量程。

(5)恒电位/恒电流指示灯——恒电位仪的工作方式。

(6)滤波指示灯——硬件滤波开关,亮起表明打开滤波器,这可以降低仪器带宽,提高稳定性。

(7)电源开关——向上按"开关"按键,电源打开,指示灯亮。

本仪器后面板元件布置如图 1-5 所示。

图 1-5　CS 系列工作站后面板电源与微机接口插座

①220V 电源端口——附带保险丝的交流 220 V 电源插座,底部盒内为 1 A 保险丝。

②USB 接口——计算机与恒电位仪的通信端口,用户必须将 USB 电缆线的一端插入 PC 机,另一端插入恒电位仪此插口。

③外控接口——用于同步控制外部搅拌器,电机转速等,或者作为频率计对外部信号进行频率测试(可外接石英晶体天平)。

④接地/浮地开关——一般电化学测量选择"接地"档位;在进行高压釜内电化学测试时,需要将开关打到"浮地"档位,这样不仅可以使测量信号与大地隔离,还可以避免仪器抗电磁干扰能力的下降。

4.使用方法

初次使用工作站前请仔细阅读使用说明书,掌握仪器功能与使用方法。

打开工作站前面板电源开关,然后运行 CorrTest 测试软件,再运行仪器控制软件。

①预热。为使本仪器工作在温度漂移最小状态,每次使用前应先开电源开关,预热 5~20 min。

②连接电解池。按图 1-6(a)连接方式将工作电极、辅助电极插入电解池内,参比电极应放入开口式琼脂盐桥内(图 1-6(b)),并在琼脂表面加数毫升 KCl 溶液,更好的方式是将参比电极穿过中间开孔的橡皮塞后再将橡皮塞插入盐桥开口内,以免琼脂干裂。铁架台用于稳定电解池,装置如图 1-6(c)所示。

③将电极插头的绿色护套夹与研究电极,红色护套夹与辅助电极相连,黄色护套夹与参比电极相连,如果 CorrTest 软件显示的开路电位值合理,则表示电解池设置正常。

④对于易受噪声干扰的体系(高阻的涂层体系),需要采用 Farady 屏蔽箱,并将电极电缆线中标有 GND 的接地线(黑色护套夹)与箱体内侧的屏蔽端子相连。

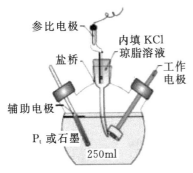

(a)电解池与电极的连接图　　(b)内充饱和KCl琼脂凝胶的盐桥　　　(c)装配图

图1-6　阳极极化实验电解池装置图

5.盐桥制备

把1～1.5g的琼脂和10g的KCl放入大约30ml的水中,加热至微沸,等待全部固体溶解即可。

将做好的琼脂溶液放置于小火上或者热水浴中微热。把鲁金毛细管的尖端插入微热后的琼脂溶液中,用洗耳球顶住鲁金毛细管的大口端,通过洗耳球负压将琼脂溶液慢慢吸入到玻璃管中,到顶部玻璃管空间半满为止。温度降低后,随着琼脂的凝固,溶于琼脂中的KCl将部分析出,玻璃管中出现白色的斑点,这样装有凝固了的琼脂溶液的玻璃管就叫做盐桥。

注意: 如果盐桥内琼脂干涸,需及时更换,否则电路不通或阻抗过大,会引起严重的电流或电位振荡现象。另外,如果参比电极内KCl完全消失,也需及时补充固体KCl。对于Cl^-离子敏感的体系,不能采用含有Cl^-离子的盐桥,可以用硫酸钾取代KCl制备盐桥。输出电流大于额定最大值时,仪器具有自动限流功能,但不得长期处于过流状态。

6.故障分析与排除

（1）工作站检验

仪器应存放于干燥、清洁、空气中不含有腐蚀性气体的环境中。仪器使用时,计算机以及工作站电源均必须良好接地。本仪器在使用中发生故障或出现异常现象,可用随机提供模拟电解池对仪器性能进行单独检验,如图1-7所示。

1)打开工作站电源。

2)将三个电极夹中的绿色护套夹(工作电极)夹在模拟电解池的WE接线端子上,黄色护套夹(参比电极)夹在RE端子上,而红色护套夹(辅助电极)则连接到CE端子。根据恒电位仪的基本特性,在改变给定电位时,参比电位应始终等于给

模拟电解池

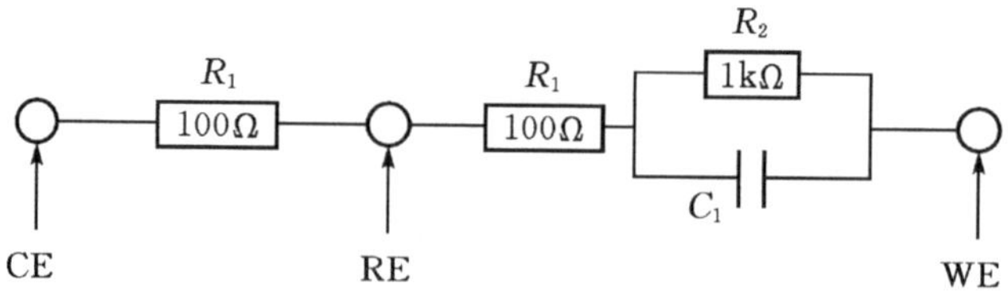

注意:RE 与 WE 之间电阻为 1.1kΩ

图 1-7　模拟电解池

定值,输出电流则服从欧姆定律 $I=$ 参比(给定)电位$/R$(R 为 WE 与 RE 之间的电阻值)。

3)启动 CorrTest 软件,用动电位扫描方法,施加 0～1 V 的扫描,此时电位-电流曲线应为一穿过原点的斜线,且其斜率为 $R\times(1\pm0.1\%)$,说明仪器测量精度正常。

4)如果斜率或电位与电流值完全不对,请检查电缆线的鳄鱼夹皮套内是否有暗断、模拟电解池接线端子之间是否连接不良(可用万用表测量个端子之间的电阻),如果不是以上两个问题,则属仪器损坏。

5)若模拟电解池实验结果正确,但工作站测量实际体系时仍出现明显故障特征,请仔细检测如下内容:

①实验的设计;

②环境干扰;

③参比电极;

④地线。

(2)导致电流过载的原因

1)流经 I/E 转换器的电流超过电流量程范围。

2)使用自动量程时,当测试电流超过量程范围,电子线路需要一定的时间转换到高量程,在转换的过程中可能导致电流过载。

3)"过载"指示灯频繁闪烁表明有高频噪声干扰。

4)不良的参比电极、高电容体系、电极的连接问题均可能导致电流过载问题。

(3)导致电位过载的原因

1)参比电极与工作电极之间的最大电压大于 10 V。

2)工作电极未接、悬空。

3)在恒电流模式下的低阻抗体系(燃料电池、电池)。

4) 恒电位仪的槽压——施加于工作电极与对电极上的最大电压(功率放大器的最大输出电压)大于 21~25 V(依仪器型号而定)而过载。

5) 参比电极损坏或参比电极未连接好。

6) 高阻有机体系(需要克服高欧姆压降)。

7) 参比回路的高阻抗导致仪器反馈电路工作不稳定,可以将虚地模式改为实地模式。

7.恒电位仪设置

本对话框让用户选择电流过载的保护方式、信号的输入输出范围以及扫描延迟时间,并可对实测数据进行实时数字和模拟低通滤波。要进入恒电位仪设置,可以从菜单"测试方法"中的子菜单进入(如动电位扫描)。

(1)型号

用户可以根据所配设备选择 CS150、CS300、CS350 等。

(2)电流量程

CorrTest 可以控制 CS 系列工作站自动切换或手动设定电流量程。如果选择手动设定,则它下面的量程下拉框激活,可从中选择一个合适的电流量程,如果测试过程中电流值超过设定电流量程的 120% 时,则 CorrTest 软件将使恒电位仪自动断开极化。如果选择自动切换,则 CorrTest 软件根据极化电流的大小自动确定合适的电流量程。此时开始极化时的电流量程将被设定在左边已变成浅灰色文本的量程上(用户可以利用该功能设定自动状态下的初始电流量程)。

在选择"自动切换"量程功能时,下面的最小量程设置有效,用户可以选择一个值,来设定自动量程切换中可使用的最小电流量程。设置该功能是因为在某些高阻测量体系中,过小的电流量程可能会带来额外的噪声。选中"仅增大"检查框,则电流量程在自动切换过程中只向大电流方向变化,该选项对于循环伏安测试特别有效,例如快速循环测试中,电流必然会随电位循环变化而增加或下降,如果仪器电流量程从大到小又从小到大频繁切换,可能会带来一些噪声毛刺,影响曲线的平滑程度;单方向的切换量程则可避免该问题,同时也保证了电流过大时能及时切换到大电流档。无论如何,由于电流量程切换的一瞬间,可能会产生一些噪声,因此建议快速测量或数据采集频率较高时选用固定电流量程。

(3)电位极化范围

电位极化范围可以是 ± 2.5 V, ± 5.0 V, ± 10.0 V,默认值是 ± 2.5 V。范围越小,则输入信号的增益越高,可增加测量精度和信噪比。一般情况下,当电位信号输入范围在 ± 2.5 V 内,可以选择"± 2.5 V"选项,但如果被测体系的电位超过 ± 2.5 V 时,则必须选择增益"± 5 V"或"± 10 V"。选择"自动切换",则完全由软件根据用户的信号范围来自行判断。

（4）极化方向习惯

该选项设定数据中"正"或"负"电位/电流代表阳极极化还是阴极极化,如果选择"正常（O²⁺）",则更正的电位产生更强的氧化驱动力,同样的选择"正常（O²⁺）",则氧化电流为正电流。在水溶液中（pH＝0）,工作电极在电位达到 1.23 V（相对氢标电极）时析出氧气,如果选择"反向（O²⁻）",则更负的电位产生更强的氧化驱动能力,同样的对于电流,则氧化电流为负值。此时在水溶液中（pH＝0）,工作电极在电位达到－1.23V（相对氢标电极）时析出氧气。

8.动电位扫描

（1）动电位极化测试窗口

动电位极化测试窗口见图 1－8。菜单选择:"测试方法"→"稳态测试"→"动电位扫描"。

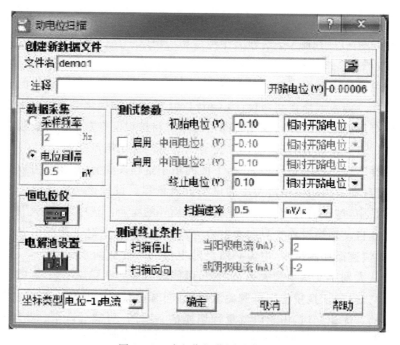

图 1－8　动电位极化测试窗口

动电位扫描测试方法中,可以有多至 4 个独立的极化电位设置点,这样就可以完成较为复杂的扫描方式,该扫描过程可在电流达到某一特定的值后停止或反向,这种工作方式有利于极化电阻与 Tafel 斜率的测量,另外也方便于钝化回扫曲线的测试。

开路电位输出框显示自然腐蚀电位(每秒钟更新一次)。一般在进行正式扫描前,必须等极化电流稳定后再进行,用户可以在点击"开始"按钮后观察该电流值的变化趋势,如果极化电流已经稳定,则可以点击扫描延迟窗口中的"立刻开始"按钮。

(2)测试参数

动电位扫描可以有最多 4 个独立的极化电位设置点,扫描从"初始电位"开始,依次经过"中间电位 1"和"中间电位 2",最后至"终止电位"。点击"选定"复选框,可以打开或关闭"中间电位 1"和"中间电位 2",如果该复选框没有选中,则扫描将不经过该值,向下一个设置电位扫描,例如不选中第一个"选定"复选框,则第一段扫描从"初始电位"向"中间电位 2",二段扫描从"中间电位 2"向"终止电位",如图1-9 所示。

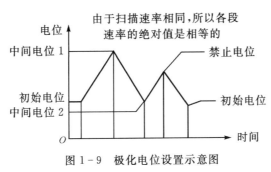

图 1-9　极化电位设置示意图

按图 1-8,如果不选中间电位这两个"选定"框,则扫描直接从"初始电位"→"终止电位"。例如,在"初始电位"输入框中输入"-0.1","终止电位"输入框中输入"0.1",且极化方式均是"相对开路电位",则电位扫描实际上是从阴极极化 100 mV 扫至阳极极化 100 mV,当然如果在极化电位达到"终止电位"之前,极化电流密度已进入了指定的终止范围后,扫描会停止,并自动断开恒电位仪的极化状态。如果是相对开路电位,则输入负值表示阴极极化,正值表示阳极极化。"极化电位"下拉框可以选择参考电位,从而改变所有极化电位设置点的绝对值。

"扫描速率"为整个扫描过程中的速率,注意其值只能为正值,而扫描方向由施加电位的符号确定。每一段的扫描时间则等于扫描幅值/扫描速率,整个测试时间 $=\sum$(各段极化电位的幅值/扫描速率)。

(3)测试结束条件

如果"扫描停止"单选框被选中,扫描在达到终止电位或在极化电流密度进入用户所指定的范围后,当极化电流密度大于 2 mA/cm^2,或者小于-2 mA/cm^2

时,自动终止;如果选择"扫描反向",此时当极化电流密度进入指定的范围后,CorrTest 软件将控制扫描从当前电位向初始电位扫描。当向阴极回扫时如果极化电流密度小于指定的最小电流密度后,CorrTest 软件自动停止扫描,并给出提示声音。如果二者均不选中,则测试过程将忽略限制条件而按扫描电位设置范围进行。

一般情况下,为了保护工作电极免于过大电流的破坏,可以选择"扫描停止",并设置一个最大的阳极电流。在正扫过程中,当阳极极化电流度大于 2 mA/cm² 后,CorrTest 立刻使扫描反向,在回扫过程中当阴极极化电流密度小于 -2 mA/cm² (对于 CS 系列恒电位仪,正值代表阴极极化电流),扫描停止,测试过程结束。

(4)坐标类型

设置动态图形显示中的图形坐标方式,此处可选择"$\varphi - \lg i$"(半对数坐标),钝化回扫曲线(图 1-10)。在动电位扫描测试中,有时要测量一些金属如铬、镍、钴及其合金在某些介质中的钝化曲线,这些金属在电位比较正时表面会生成一层钝化膜,此时电极的行为与贵金属电极相似,流过的钝化电流极小。为了评价它们的耐腐蚀能力,需要获得其破裂电位和保护电位值,为此常常要测绘其钝化回扫曲线。

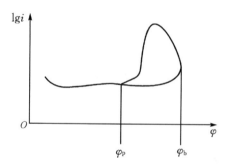

图 1-10　典型的钝化回扫曲线

当极化电位继续向正方向扫描至某一值时,钝化膜会发生破裂,极化电流迅速增加,此时的极化电位称为破裂电位 φ_b,如果当极化电流超过某一规定值后(如 100 A/cm²),立即向负方向扫描,此后在极化曲线上会出现滞后环,回扫曲线与正扫曲线的交点一般认为是材料在该介质中的保护电位 φ_P。

例如,测量 304 不锈钢在 3‰NaCl 溶液中的钝化曲线,可以按当阳极电流密度大于 0.5 mA/cm² 后扫描反向。当电位继续向阴极方向扫描时,极化电流密度也会下降,并最终形成一个钝化回滞曲线,当回扫电流密度小于 -0.1 mA/cm² 时(从阳极极化变成阴极极化时),则 CorrTest 软件自动终止测试过程。

按"开始"按钮则退出该对话框,并弹出扫描延迟窗口,用户点击"确认"后,则

CorrTest 软件立即开始测试，并同时保存所设定的参数，即当以后进入该对话框时，所有参数均会恢复到上次的修改值。

1.5　阳极极化曲线测定事项

实验可使用国产或进口电化学分析仪，整个测试过程、数据处理和作图通过配套的软件由计算机完成。动电位扫描一般只需数分钟即可完成。现今的电化学分析仪具有几乎所有常用的电化学测试技术，包括恒电位、恒电流、电位扫描、电流扫描、电位阶跃、电流阶跃、脉冲、方波、交流伏安法、流体力学调制伏安法、库仑法、电位法以及交流阻抗等。本实验采用线性扫描伏安法(LSV)和 TAFEL 方法测定铁电极的极化曲线。

实验使用三电极体系。三电极构成两个回路，一是极化回路，二是电位测量回路。极化回路中有极化电流通过，极化电流大小的控制和测量在此电路中进行。电位测量回路用电位测量或控制仪器来测量或控制研究电极相对于参比电极的电位，这一回路中几乎没有电流通过。利用三电极体系可同时测定通过研究电极的电流和电位，从而得到单个电极的极化曲线 。

实验中应注意辅助电极的表面积要比研究电极的大。为减小液体接界电位和避免测定溶液对参比电极的污染，用盐桥将参比电极与研究电极连接，注意盐桥的一端尽量靠近研究电极，以减小研究电极与参比电极之间溶液的欧姆电位降对电位测量和控制的影响，盐桥的另一端与参比电极相通。实验中研究电极为铁电极，辅助电极为铂片，参比电极为饱和甘汞电极。实验前依次用金相砂纸和绒布将研究电极打磨光亮平整，再分别用丙酮，蒸馏水在超声波中清洗。先将辅助电极和参比电极与仪器连接，在计算机上设置好测量方法和测量参数，然后连接研究电极，并迅速测量。

（1）电极电位的测定

绘制极化曲线时的主要工作是测定金属电极的电极电位。当将金属插入该金属盐类的溶液中时，在金属与溶液的接触界面处便自发地形成一个电荷的双层，我们称"双电层"。简单的情况下可以将它等效成一个"平板电容器"，它具有一个电位差。这个电位差的绝对值是无法测量的。我们通常所说的电极电位绝不是这个金属电极的双电层所具有的电位差的绝对值。电极电位是个相对值。人们为了比较各种金属电极的双电层电位差的相对大小，就人为地选定了一个基准，把欲测电极与基准（或标准）电极构成一个原电池，测得它的开路电压就得到该电池的"电动势"，我们简称它为某电极的电极电位，所以它是一个相对数值。

(2)极化曲线的测定

恒电位法就是控制电极电位 φ，使其分别恒定在不同的电位，然后测定相应的电流密度 i 值。把测得的在一系列不同电位下的电流密度画成曲线，就是恒电位法测得的极化曲线，它表示电流密度是电极电位的函数，

(3)测试极化曲线时的注意事项

①正确制备测量电极

被研究的电极应是受镀金属本身。若使用其它金属时，则它不应与电解液发生化学反应，而且事先镀上一层被研究的金属，镀层应该平整细密。被研究的电极事先进行仔细地打磨整平、除油清洗，选择适当大小的研究面积，而且应该与辅助电极的面积相适应，以便于获得比较均匀的电流分布。非研究面积应进行可靠的绝缘。

②选择适当的参比电极

由于最初制造的标准电极(氢标准电极)是个气体电极，维持使用都不方便，故后来人们又研制了几种可供选择的参比电极做标准用。选择参比电极主要考虑被研究介质的性质，一般多采用甘汞电极；若不允许有 Cl^- 干扰且为硫酸型溶液时可用硫酸亚汞电极；当溶液为碱性时可用氧化汞电极。它们的电极电位以及电位随温度的变化值都以表格形式列于有关手册及书籍中供查用。

③正确选择和制备盐桥

测量电极电位时为了消除液体接界电位，可以把两个电极电解液用一个"盐桥"连接起来，以免它们混合并影响测量的准确度。所谓"盐桥"就是选用一种阴阳离子的迁移速度相近的电解质的浓溶液，把它充满到一个玻璃弯管中，形成一个中间溶液，把它插入两个电极的溶液中就形了一个"桥"，构成了电的通路。

1.6　仪器药品及实验装置

恒电位仪	1 台
饱和甘汞电极、铂电极	各 1 支
盐桥(如饱和氯化钾溶液)	1 个
电解池(1000 mL)	1 个
碳钢试件(如 $\varphi 8 \times 20$)	2 个
氨水(20%)	800 ml
试件固定夹具	1 套
铁夹、铁架	若干
试件表面处理用品	共用

1.7 操作步骤

(1)把已加工到一定光洁度的试件用细砂纸再行打磨,测量尺寸,安装到夹具上,用丙酮和乙醇脱脂,吹干。

(2)接好测试线路,检查各接头是否正确,主桥是否导通。

(3)测碳钢在氨水中的自腐蚀电位(相对于饱和甘汞电极约为-0.8 V)。若电位偏正,可先用很小的阴极电流(50 mA/mm² 左右)活化 1~2 min,再测定。

(4)调节恒电位仪进行阳极极化。极化曲线测试扫描速度为 0.5 mV/s,扫描范围为 -250mV ~ 250 mV (vs. OCP),分析软件为 Powersuite。记录 φ-lg$i$ 曲线。

(5)也可换一个新处理的碳钢试件进行恒电流极化测量。先测定其自腐蚀电位,再进行阳极极化,调定一个电流值,读取相应的电位值,调节幅度参照步骤(4)。

1.8 数据记录

开始时间(t_0):　　　结束时间(t_1):　　　试验时间(t_1-t_0):

试 件 材 料		碳钢	不锈钢	自选材料
试样尺寸	半径 r/mm			
	厚度/mm			
	表面积/mm²			
介 质 成 分		氨水	氨水	自选介质
电位扫描速度				
开 路 电 位				
温 度				

1.9 结果处理

(1)求出恒电位法测出的 φ-lg$i$ 关系曲线。

(2)初步确定碳钢在氨水中进行阳极保护的三个基本参数。

1.10　思考与讨论

(1)给出试样的开路电位,并进行适当讨论。

(2)分析阳极极化曲线各线段和各拐点的意义。

(3)阳极极化曲线对实施阳极保护有何指导意义？

(4)说明测定阳极极化曲线为什么需要用恒电位法？

(5)自腐蚀电位有何意义？

实验 *2*

阴极保护的原理与实践

2.1　实验意义

如果没有阴极反应过程,电化学腐蚀的阳极反应过程就不可能发生,因为阳极反应产生的电子如不被消耗,它们就会阻止金属离子脱离晶格进入溶液而使金属维持原状不变。电化学腐蚀之所以发生,是因为溶液中含有能使金属氧化的氧化剂,这种氧化剂迫使金属进行阳极反应以夺取其产生的电子而使本身还原,故常称之为腐蚀过程的去极化剂。阴极极化表明阴极反应受到了阻碍,它将影响阳极反应的进行,并因而减缓金属腐蚀速度,即对金属进行了保护。

阴极极化曲线法也是研究电极过程动力学的最基本也是最主要的一种方法,对于金属腐蚀,它可以提供材料的电化学腐蚀中去极化(消耗电子)的程度,从而为阴极保护提供必要的电化学参数。

2.2　目的要求

1)掌握恒电流法测定阴极极化曲线的基本原理和方法。
2)明确运用极化曲线判定施行阴极保护的基本思路。

2.3　基本原理

1.阴极的极化及阴极极化曲线

对于构成腐蚀体系的金属电极,在外加电流的作用下,阴极的电位偏离其自腐蚀电位向负的方向移动,这种现象称为阴极极化。电极上通过的电流密度越大,电极电位偏离的程度也越大。控制外加电流密度,使其由小到大逐渐增加,便可以测得一系列对应于各电流值的电位值。作阴极电位与电流密度的关系曲线,即为恒电流阴极极化曲线。

　　凡是吸收电子而本身被还原的物质都可作为腐蚀过程的去极化剂,其还原反应都属于电化学腐蚀过程的阴极反应。因此,腐蚀过程的阴极反应可写成如下的通式:

$$D + ne = D^{n-}$$

在腐蚀过程中进行的是不可逆还原反应,生成的 D^{n-} 可能形成新相也可能溶解在溶液中。

　　产生阴极极化有以下原因。

　　(1)去极化剂与电子结合的速度比外电路输入电子的速度慢,使得电子在阴极上积累。由于这种原因引起的电位向负的方向移动,称为阴极的电化学极化。

　　(2)去极化剂到达阴极表面的速度落后于去极化剂在阴极表面还原反应的速度,或者还原产物离开电极表面的速度缓慢,这既阻碍去极化剂到达阴极表面,也阻碍去极化剂在阴极表面还原反应的顺利进行,都将导致电子在阴极上的积累。由于这种原因引起的阴极电位向负的方向移动,称为阴极的浓度极化。

　　图 2-1 是阴极极化曲线的示意图。极化线 ABCD 明显地分为三段。当外加阴极电流由 I_0 增加到 I_D 时,由于阴极处于极化的过渡区,电位由低缓慢地向负的方向移动到高,其电位变化不大(AB 段)。当外加的阴极电流继续增大到 I_C 时,虽然电流变化不大,电位向负的方向移动的幅度却很大。此时阴极上积累了大量的电子,阴极极化加强,金属得到保护(BC 段)。最小保护电流在 $I_B \sim I_C$ 之间,最小保护电位在 $\varphi_B \sim \varphi_C$ 之间。当外加阴极电流继续增加时,阴极电位仍然负移,但变化幅度变小(CD 段),因为此时阴极上增加了氢去极化过程,消耗部分电子。当电位变到 φ_D 时,氢去极化加剧,阴极上大量放氢。

　　对于氧去极化控制的腐蚀体系,附加搅拌将使溶液的流动速度加快,促进氧的扩散,氧的去极化腐蚀加剧,因此在相同的极化电位下,极化电流相应增加。

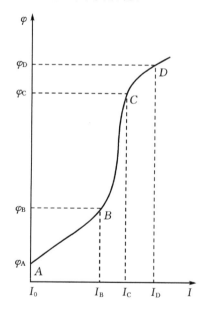

图 2-1　阴极极化曲线的示意图

2.恒电流法测定阴极极化曲线

在恒电流极化测量中,可以采用两种方法来保持电流恒定:一种是利用电子恒电流器,它可以通过电子线路自动调整,使电流保持稳定不变;另一种方法是用高压直流电源(如几个 45 V 的电池)串联一个高电阻来恒定电流,这种方法可以获得几十毫安的稳定直流电流。

在进行极化测量时,我们往往发现每当改变一个电流密度,随后去测量电极电位时,电极电位不会马上稳定下来,而是随着测量时间不同而改变,它经过一定时间后才稳定下来。不同的电极体系电位趋于稳定所需的时间是不相同的,因此在测量时就有两种方法:稳态法和暂态法(快速测量)。稳态法是一个相对的稳定状态,在恒定电流时,于规定的时间(如几分钟)测得一个电位值,此电位值绝非完全稳定不变,而是在一定时间间隔内变化不大而已。由于不同电极过程浓差极化的建立或吸脱附等均需要一定时间,所以不同电极过程的稳定时间也有差异。用这种方法测得的极化曲线只是接近稳态而已,否则测量时间耗费过长,所测得的极化曲线是既有电化学极化,也包括浓差极化在内的,所谓"混合极化曲线"。暂态法是采用一定速度连续改变电流(即所谓的"扫描")并快速测定对应的瞬间电位值,这样就可以得到"暂态极化曲线"。扫描速度一般控制在 $10^{-3} \sim$ 10 s 之间,稳态到来愈慢的可以控制扫描速度慢一些。快速测量可以排除浓差极化,从而为单独研究电化学极化提供了方便。实际测量时,对那些电极表面状态变化不大的体系采用稳态法较合适。而对电极表面状态变化较大的体系,特别是有有机添加剂同时存在的这种体系,最好采用暂态法,否则研究因素所起的作用会受到严重歪曲,使测量结果难以进行分析。

3.阴极保护基本原理

这里以外加电流阴极保护法为例来说明。

由 $Fe-H_2O$ 体系的电位-pH 图(图 2-2)可以看出:将处于腐蚀区的金属(例如图中的 A 点,其电位为 φ_A)进行阴极极化,使其电位向负移至稳定区(例如图中 B 点,其电位为 φ_B),则金属可由腐蚀状态进入热力学稳定状态,使金属腐蚀停止而得到保护。或者将处于过钝化区的金属(例如图中 D 点,其电位为 φ_D)进行阴极极化,使其电位向负移至钝化区,则金属可由过钝化状态进入钝化状态而得到保护。

另外,我们可以把辅助阳极接到电源的正极上,如图 2-3 所示,当电路接通后,外加电流由辅助阳极经过电解质溶液而进入被保护金属,使金属进行阴极极化。

由腐蚀极化图(图 2-4)可以看出,在未通外加电流以前,腐蚀金属微电池的阳极极化曲线 $\varphi_{ea}M$ 与阴极极化曲线 $\varphi_{ek}N$ 相交于 S 点(忽略溶液电阻),此点相应

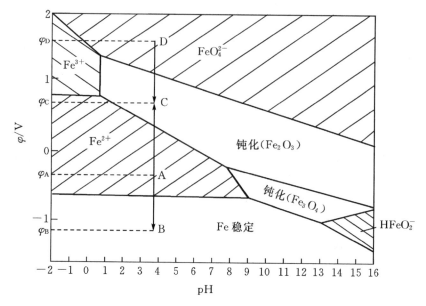

图 2-2　Fe-H₂O 体系的电位-pH 图

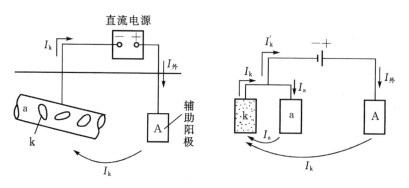

图 2-3　外加电流阴极保护示意图

的电位为金属的腐蚀电位 φ_c，相应的电流为金属的腐蚀电流 I_c。当通以外加阴极电流使金属的总电位由 φ_c 极化至 φ_1 时，此时金属微电池阳极腐蚀电流为 I_{a1}（线段 $\varphi_1 b$），阴极电流为 I_{k1}（线段 $\varphi_1 d$），外加电流为 I'_{k1}（线段 $\varphi_1 e$）。由图可见，$I_{a1} < I_c$，即外加阴极极化后，金属本身的腐蚀电流减小了，即金属得到了保护。差值 $I_c - I_{a1}$ 表示外加阴极极化后，金属上腐蚀微电池作用的减小值，即腐蚀电流的减小值，称为保护效应。

　　如果进一步阴极极化，使腐蚀体系总电位降至与微电池阳极的起始电位 φ_{ea} 相等,则阳极腐蚀电流 I_a 为零,外加电流 $I'_{k1}=I_f=I_{k1}$,此时金属得到了完全保护。这时金属的电位称为最小保护电位,达到最小保护电位时金属所需的外加电流密度称为最小保护电流密度。

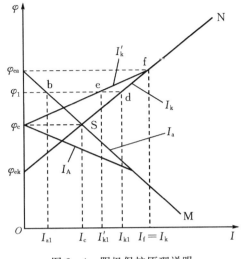

图 2-4　阴极保护原理说明

由此我们得出这样的结论,要使金属得到完全保护,必须把金属阴极极化到其腐蚀微电池阳极的平衡电位。

由于外加阴极极化(既可由与较负金属相连接而引起,也可由外加阴极电流而产生)而使金属本身微电池腐蚀减小的现象称为正保护效应。与此相反,由于外加阴极极化而使金属本身微电池腐蚀更趋严重的现象称为负保护效应。在一般情况下,外加阴极极化会产生正的保护效应。但当金属表面上有保护膜,并且此膜显著地影响腐蚀速度,而阴极极化又能使保护膜破坏(例如,由于钝化膜破坏及金属的活化),则此时阴极保护可能反而会加速腐蚀。例如有人发现,杜拉铝在 3% NaCl 溶液中用活性很大的负电性金属进行保护时,其保护作用反而减小;铁、不锈钢在硝酸中,以一定电流密度阴极极化时,反而大大增加其腐蚀速度,也就是说在这些情况下产生了负保护效应。

阴极极化时保护膜破坏的原因可能是由于阴极附近溶液碱性增高,使两性金属如铝、锌的氧化膜化学溶解;某些电位不太负的金属如铁、镍上氧化膜的阴极还原;而最一般的情况是阴极上析出的氢气将钝化膜机械破坏。负保护效应通常是在较大电流密度下才会出现。负保护效应具有很大的实际意义,因为它使有些情况下阴极保护的应用受到了限制。

4.阴极保护的基本控制参数

在阴极保护中,判断金属是否达到完全保护,通常采用最小保护电位和最小保护电流密度这两个基本参数来说明。

(1)最小保护电位

从图 2-4 的极化图解可以看出,要使金属达到完全保护,必须将金属加以阴极极化,使它的总电位达到其腐蚀微电池阳极的平衡电位。这时的电位称为最小保护电位。最小保护电位的数值与金属的种类、介质条件(成分、浓度等)有关,并可根据经验数据或通过实验来确定。对某些金属在海水和土壤中进行阴极保护时采用的保护电位值在某些文献中有列出。对于不知最小保护电位的情况,也可以采用比腐蚀电位负0.2~0.3 V(对钢铁)和负0.15 V(对铝)的办法来确定。但是这种估计是很粗略的,对于一个具体的保护系统,如无经验数据,最好通过实验来确定最小保护电位值。

(2)最小保护电流密度

使金属得到完全保护时所需的电流密度称为最小保护电流密度。它的数值与金属的种类、金属表面状态(有无保护膜、漆膜的完整程度等)、介质条件(组成、浓度、温度、流速)等有关。一般当金属在介质中的腐蚀性越强,阴极极化程度越低时,所需的保护电流密度越大。故凡是增加腐蚀速度、降低阴极极化的因素,如温度升高、压力增大、流速加快,都使最小保护电流密度增加。

2.4　仪器药品及实验装置

高阻抗电压表	1台
毫安表	1个
电阻箱(如2×21型)和滑线电阻	各1个
整流器、稳压器	各1台
饱和甘汞电极、铂电极	各1支
饱和氯化钾盐桥	1个
搅拌装置	1套
碳钢试样	2个
试件固定夹具	1套
氯化钠水溶液($3\%NaCl$)	1000 mL
电解池(1000 mL)	1个
铁夹、铁架	若干
试件表面处理用品	公用

图2-5是恒电流法测定阴极极化曲线的原理及其装置图。

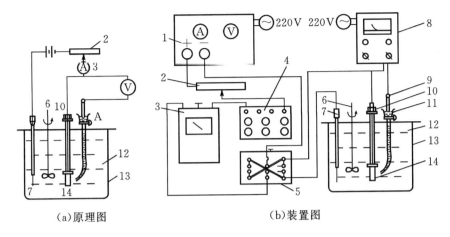

(a)原理图　　　　　　　　　　　(b)装置图

图 2-5　恒电流法测定极化曲线原理图及其装置图

　　1—整流器；2—滑线变阻器；3—毫安表；4—变阻箱；5—换向开关；6—搅拌器；7—铂电极；8—高阻抗电压表；9—甘汞电极；10—试件夹具；11—盐桥；12—试验介质；13—电解池；14—试件

2.5　操作步骤(用恒电流法)

　　(1)把已加工到一定光洁度的试件用细砂纸再行打磨光亮,测量其尺寸,安装到夹具上,分别用丙酮和乙醇擦洗脱脂。

　　(2)按图 2-5 所示接好线路,在电解池中注入 3%氯化钠水溶液,装上试件,引出导线,先不接通电源。

　　(3)用电化学工作站测定碳钢在 3%氯化钠水溶液中的自腐蚀电位(一般在几分钟至 30 min 内可取得稳定值)。若在较长时间以后还不稳定,可通以小的阴极电流(50 μA/cm² 左右)活化 1~2 min,切断电源后重新测定。电位在几毫伏内波动可视为稳定,记录之。

　　(4)确定适当的极化度。接通电源,对研究电极施加小的单位电流 dI,测定相应的电位变化值 dφ,则 dφ/dI 为极化度。极化度过大,所测定的数据间隔太大,难于测到极化曲线拐点的数值,极化度过小,测定速度太慢。因此应根据极化曲线的特点,选取适当的极化度。在同一曲线的不同线段,极化度也可不同。

　　(5)进行无搅拌极化测量。调节可调电阻以减小电阻.使极化电流达到一定值,在 2~3 min 后读取相应的电位值。据此,每隔 2~3 min 调节一次电流,读下对应的电流、电位值,记入表中。直到通入阴极电流较大,而电位变化缓慢时为止

(相当于图 2-1 中的 D 点以上)。观察并记录在阴极表面上开始析出氢气泡时的电位。

测试开始,电流变化幅度要小(每次使电位变化 10 mV 左右),在图 2-1 的 B 点以后加大电流变化幅度,以便在较短时间内取得较完整的曲线。

(6)根据测试的阴极极化曲线,选择两个电位进行阴极保护效果实验。

①参照图 2-1 的 B 点附近的电压,进行保护,时间 1 h。

②参照图 2-1 的 B、C 中间某点的电压,进行保护,时间 1 h。

③参照图 2-1 的 C、D 中间某点的电压,进行保护,观察气泡的析出量,时间 10 min。

2.6 数据记录

开始时间(t_0):　　　　结束时间(t_1):　　　　试验时间(t_1-t_0):

试 件 材 料		碳钢	不锈钢	自选材质
试样尺寸	半径 r/mm			
	厚度/mm			
	表面积/mm²			
介 质 成 分		3%NaCl 溶液	3%NaCl 溶液	自选介质
电位扫描速度				
起 始 电 位				
结 束 电 位				
电 解 池 温 度				

2.7 结果处理

(1)在同一张直角坐标纸上绘出无搅拌和加搅拌条件下的 $\varphi-I$ 阴极极化曲线;运用极化曲线初步判断施行阴极保护的可能性,估计出保护电流密度和保护电位的大致范围。

(2)比较保护电压为 B、BC 间及 CD 间三点的保护效果。

2.8　思考与讨论

(1)用恒电位法测定上述阴极极化曲线,能否得到同样的结果? 为什么?

(2)阴极保护中的电压和电流两个保护参数,哪个起决定作用? 为什么?

(3)如何合理选定阴极保护的保护电位?

(4)保护电位为 B、BC 间及 CD 间时的保护效果为什么不一样?

实验 *3*

盐雾腐蚀试验

3.1 试验意义

1.盐雾试验的必要性

海洋大气和工业大气对各种机械装备都会产生严重危害。尤其是,我国是一个海岸线长、海域辽阔的国家,大量舰船、飞机以及石油设备均暴露于恶劣的海洋大气环境中,时刻经受海洋大气的侵蚀。据调查,由于海洋大气的腐蚀的破坏作用,使海洋环境下工作的设备、电器、仪表等都受到严重腐蚀和破坏。如何防止海洋大气对这些装备的腐蚀,一直是人们关心的问题。

盐雾是海洋大气的显著特点之一。盐雾是海洋大气中破坏海洋环境工作的机械、装备(诸如,航空器,舰船,石油钻井平台等)的最主要环境因素。海洋大气对这些装备的有害作用取决于盐雾、湿度、霉菌和温度各自的和综合的作用,其中盐雾的破坏作用最大,盐雾对这些装备的破坏效应主要表现在三个方面。(1)电化学效应,由于水中盐电离形成酸碱溶液,发生电化学反应造成的腐蚀和应力腐蚀,由于电解作用导致漆层起泡破坏;(2)电效应,由于盐的沉积使电子设备破坏,使绝缘层破坏,金属层腐蚀电路失效;(3)物理机械效应,机械部件及组合件活动部分阻塞或卡死。

盐雾大气的破坏效应的严重性是与海洋大气中含有大量的盐分密切相关的。据我国统计,厦门(距海 2 km 处)大气中的含盐量达到 0.7 mg/ m³。这么大的含盐量必然导致严重的盐腐蚀。据美国有关资料统计表明,美国军用飞机现场故障中 50% 左右是环境造成的。而在这 50% 环境造成的故障中,温度占 40%,振动占 27%,湿热占 19%,沙尘占 5%,盐雾占 4%,可见盐雾影响在近 20 种环境因素中居第五位,是一个不可忽视的破坏性因素。

2.盐雾试验的产生及其发展

盐雾对海洋装备如此严重的影响，早就引起人们的注意，并采取措施来防止和减少盐雾的有害作用，例如：

①采取设计和工艺措施来增强产品抗盐雾能力或减弱盐雾腐蚀作用。这一措施包括密封结构设计和选用耐腐蚀材料，使用涂层和表面处理防止盐对基体金属腐蚀及使用缓蚀剂和钝化剂抑制盐雾腐蚀等方法。

②研制和生产中充分利用盐雾试验保证设计和生产的产品符合耐盐环境能力要求。这一方法包括在研制阶段通过盐雾试验，发现研制产品耐盐雾方面的缺陷，改进设计，提高其防盐雾能力，以满足规定要求；生产阶段的例行试验中，用盐雾试验检验耐盐雾能力。

据资料介绍，盐雾试验最早是在 1914 年美国材料试验学会（ASTM）的第十七届年会上由 J.A.Capp 提出的。最初目的是用于鉴定各种电镀层的质量和保护性能。方法是将样品放在盐水的细雾中进行试验，由于它能比较快地鉴别金属保护层的耐蚀性，于 1926 年起列为正式试验标准。此后的几十年中，各国对盐雾试验日益重视，并不断地发展完善。目前，几乎所有工业化国家和发展中国家都制订了多种盐雾试验标准，我国不但有国标，而且还有十几个部门将其列为部标准。随着国内外一些标准的相继问世，标准中规定了具体的试验条件以及一些试验操作方法、评定方法和合格判据。通过对标准的不断修订和完善，使其试验结果更接近于实际。

3.2   目 的 要 求

(1)了解盐雾试验的重要性和基本用途；

(2)掌握影响盐雾试验的基本参数；

(3)学会海水盐雾试验的基本方法。

3.3   基 本 原 理

盐雾腐蚀是原子失去电子变为离子的电化学过程。实际上是一种材料电解现象，但比较特殊的是电解质不是完全的水溶液，而是汽水混合物，或者说是液体薄膜。因为电解质很薄，不能导电，电化学仪器的测试很难进行，例如，不能用一般的电化学工作站测定其极化曲线、阻抗谱等，目前只能通过试验来掌握服役材料的盐雾腐蚀规律和保护效果的评价。

盐雾试验是一种实验室加速腐蚀试验，因此其试验条件的选择一方面是起加速作用,另一方面又要保证所用的试验条件是供环境试验的基本标准,即保证试验结果的重现性,所谓重现性是指用同一方法,对相同的试验样品而在不同的条件下(不同的操作者,不同的设备,不同的实验室)得到的结果的一致性。只有这样,才能对各种产品试验进行比较和评价,保证重现性的主要条件除了试验设备保证提供规定的参数外,测试条件选择正确与否也是至关重要的。下面对盐雾试验的条件和确定依据作一分析。

(1)盐溶液成分(5% NaCl 溶液)

盐雾试验中的盐雾采用什么溶液有一个发展过程,最早人们基于海水组成与海洋大气组成相似的特征,在许多标准中规定采用人造海水作为盐雾发生源,很显然,既使是人造海水也不可能完全模拟不同地区的海洋大气中盐雾的作用,而且人造海水成分复杂,配制繁琐,考虑到主要是模拟 NaCl 的腐蚀作用,后来认为仅用单一氯化钠溶液即可。一般认为,盐溶液浓度越高,腐蚀效果就越明显。事实并非如此,通过对各种浓度 NaCl 溶液的对比试验(见图 3-1),结果表明:饱和 NaCl 溶液和 20% 的 NaCl 溶液,其腐蚀速度均较低。这是因为 NaCl 浓度增高,氧在溶液中的溶解逐渐降低,使腐蚀电池的阴极去极化作用逐步削弱,因此腐蚀降低。而在 5% 左右浓度时腐蚀速度最高,因此标准中都采用 5% NaCl 溶液;另一方面,浓度高的盐溶液易堵塞盐雾喷嘴。同时,5% 的 NaCl 溶液更接近于海水的浓度(地球上海水含盐浓度为 1%~4.1%)。

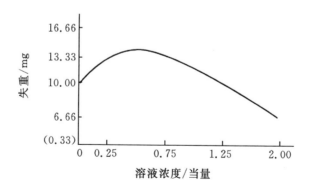

图 3-1　失重与盐溶液浓度的关系

(2)pH 值(6.5~7.2)

溶液的酸碱度也明显地影响腐蚀速度。腐蚀速度与 pH 值关系如图 3-2 所示。

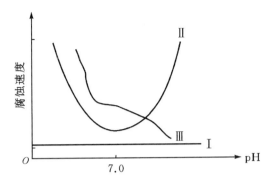

图 3 - 2　腐蚀速度与溶液酸碱度的关系

由图 3 - 2 可以看出,溶液酸碱度对金属腐蚀速度的影响三种情况:第一,腐蚀速度不受酸碱度影响,见曲线 Ⅰ 所示,如金、铂;第二,随着酸碱度增高,腐蚀速度也增高,见曲线 Ⅱ 所示,如铝、铅;第三,随着溶液酸碱度降低,其腐蚀速度增高,见曲线 Ⅲ 所示,如镉、铁。不难看出,虽然随 pH 值变化,腐蚀速度有不同的变化,但都存在一个稳定区域即中性附近。为了控制试验参数,增强试验的重现性,一般标准都选用中性盐雾试验,pH 值为 6.5～7.2,pH 值范围越窄,试验重现性越好,为了试验结果的准确性,应严格控制 pH 值范围。

(3)试验温度

试验温度的高低也能影响腐蚀速度。电化学腐蚀速度像分子扩散速度一样随着温度的升高而加快。根据阿累尼乌斯公式:

$$V = A e^{-Q/KT}$$

式中,V 为反应速度;e 为自然常数;R 为气体常数;T 为绝对温度;A 为试验常数。可知,温度每升高 10℃,化学反应速度约增加 2～3 倍,这似乎可用提高温度的办法来提高试验速度。必须指出:随着度的升高,氧气在溶液中溶解度降低,如图 3 - 3 所示,使氧在阴极上的去极化过程强度降低,同时盐溶液容易产生盐析。可见不能用升温办法来加快腐蚀速度。一般标准选用 35±2℃,这个温度模拟了许多国家夏季最高平均温度。

(4)盐雾沉降率[(1～2 mL)/(80 cm² · h)]

盐雾沉降量是盐雾试验的一个重要参数。

盐雾是一种极其微小的液滴,根据气溶胶理论,细粒极易溶解在气体中而扩散成雾,气溶胶体状盐雾易附着在物体表面而形成湿气膜或水膜。悬浮着的盐雾颗粒对金属并不发生腐蚀作用,盐雾只有沉降于金属表面而形成液滴或液膜时,才能对金属产生腐蚀作用。吸附在产品表面的雾滴越小,雾滴总的面积加大,吸氧多,

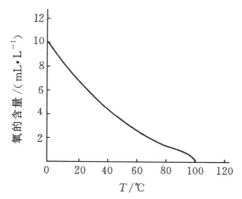

图 3-3　氧在水中溶解度与温度的关系

腐蚀易于进行;但雾滴过小,难以沉降,湿气膜无法更新,不利于腐蚀,所以在盐雾试验中,规定一个适当的雾粒尺寸是十分必要的。

　　过去在制订盐雾试验控制参数时,对雾粒的直径和雾密度都进行考核。但是,由于盐雾粒度和密度在测量时非常麻烦,测量的准确性很差,所以现在不规定雾粒的大小,而是利用控制盐雾沉降率的方法来控制雾粒粒度和密度。盐雾沉降率是指单位时间内在单位面积上沉降的盐雾多少。它是直接受盐雾含量影响的。空气中盐雾含量越高,势必沉降率增大。各国标准在选定盐雾沉降率时,是根据产品使用环境和本海域自然沉降量的情况,并且考虑到加速的作用,然后进行理论修正来确定的。多数标准规定为$(1.0 \sim 2.0 \text{ mL})/(80 \text{ cm}^2 \cdot \text{h})$,沉降率不同,腐蚀速度也是不同的,如图 3-4 所示。

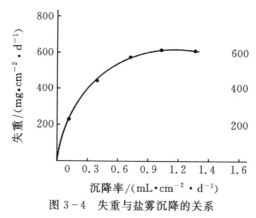

图 3-4　失重与盐雾沉降的关系

　　注:沉降率测定是用一直径 10 cm、表面积 80 cm² 的漏斗,插入 50 mL 量筒上,用橡皮塞固定好,连续喷雾若干小时(约 16 h)后,将其收集液换算为沉降率。

　　由图 3-4 可见,沉降率小于 0.3 mL/(cm² · d)时,腐蚀速度随沉降率增加而增加,这是因为金属表面液膜较薄,氧很快到达阴极表面,故腐蚀率会缓慢上升并逐步趋向于平稳,这是因为液膜增厚,腐蚀速度上升缓慢;当沉降率超过 1.2 mL/(cm² · d)时,液膜继续增厚,氧扩散距离加大,到达阴极表面显然困难,所以腐蚀速度反而不加快。取适中的盐雾沉降率,会使腐蚀速度稳定,试验结果重现性好。因此,一般将盐雾沉降率控制在适当的范围内[(1.0～2.0 mL)/(80 cm² · h)],即可保证试验结果的准确性。

　　(5)影响试验结果的其它因素

　　①样品的放置角度

　　试验中,样品在试验箱里的放置方式,即试样与垂直线所成的角度,对试验的结果影响较为明显。平板样品如果在盐雾箱内垂直放置,或角度稍有偏差,试验结果就有很大差别。一般标准规定平板样品与垂直方向成 15°～ 30°角为宜。当样品为产品时,应当模拟正常使用状态,因为盐雾是垂直降落的,腐蚀面绝大部分发生在迎雾面上。

　　②试验周期

　　试验周期依据产品所处的恶劣程度来确定,以考核产品的适用性,恶劣程度取决于产品在机上所处位置。装在飞机外部的设备以及水上飞机,遭受盐雾的侵蚀机会较多,程度也严重;而机内的设备和仪表等,相比之下要轻得多。实验表明,户外的盐雾沉降率是户内的 2 倍,因此根据不同的情况,控制其试验周期,机内设备一般为 48 h,机外为 96 h,或根据具体情况,依标准而定。

3.4　盐雾腐蚀试验箱使用说明

1.概述

　　盐雾试验箱产品主要适用于模拟盐雾腐蚀环境条件,是研究电工、电子产品环境适应性和可靠性的一种重要试验仪器,它主要考核材料及其防护层的抗盐雾腐蚀能力,可对电工、电子设备、元器件、金属材料、塑料产品等进行盐雾腐蚀试验。我们的试验箱可按国家标准 GB/T2423.17《电工、电子产品基本环境试验规程 Ka:盐雾试验方法》及国际电工委员会标准 IEC68-2-11《基本环境试验规程第二部分:试验、试验 Ka:盐雾》进行相关的盐雾试验。图 3-5 是盐雾试验箱的外形图。该试验箱设有连续喷雾和间歇喷雾二种喷雾方法。用户根据盐雾试验的标准,进行选择使用。

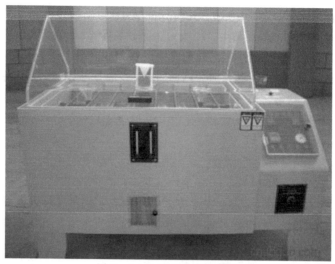

图 3-5　盐雾试验箱外貌图

2.试验箱使用的环境条件

(1)温度:15℃~35℃;

(2)相对湿度:不大于 85%;

(3)大气压:86~106 kPa;

(4)周围无强烈振动;

(5)无阳光直接照射或其他冷热源直接辐射;

(6)周围无强烈气流,当周围空气需强制流动时,气流不应直接吹到箱体上;

(7)周围无强烈电磁场影响;

(8)周围无高浓度粉尘及腐蚀性物质。

3.试验箱负载条件

试验负载由 50 mm×100 mm×(1~2) mm 的金属样板组成,样板的数量按试验箱工作空间水平载面积计算每平方米不少于 160 块。

4.试验箱主要技术性能

(1)工作室尺寸:450×550×400(mm)

(2)温度范围:室温~55℃

(3)温度波动度:±0.5℃

(4)温度均匀度:±2℃

(5)控温方式:PID

(6)盐雾沉降量:1～2 ml/80 (cm² · h)

(7)相对湿度:≥90％R · H

(8)使用电源:220 V/50 Hz

(9)总功率:2 kW

5.结构原理

YWX 回系列盐雾试验箱是一种气流式喷雾结构,采用喷雾塔成雾方式的盐雾腐蚀试验箱(根据试验容积的大小室内装有一只或多只盐雾塔装置,以满足试验需要)。喷雾装置的功能是利用气源系统供给的高压空气从喷嘴中高速喷射产生的引射作用,在喷嘴上的喷气管出口处出现一股高速气流,并在喷嘴吸水管的上方产生负压,盐溶液在大气作用下,沿着盐水管迅速上升,在导管内射向顶端的锥体,将未雾化的水滴打碎成雾,被撞碎的细雾由喷雾口飘出,扩散到工作室试验空间,形成一个弥漫状态,自然降落,进行盐雾腐蚀试验。

气流喷雾式盐雾试验箱由四个部分,箱体部分、气源系统、盐水补给系统、与喷雾装置和电气控制系统。

(1)箱体部分

箱体部分是盐雾箱的主体结构,也是模拟盐雾腐蚀环境条件必不可少的部分,它主要提供一个密封的试验空间,并能在设定的温度范围内自动保温。箱体底部是升温加热装置,采用夹道加热方式,使工作室升温速度快,温度均匀性好。箱体、试验工作室、顶盖、电气控制箱均采用耐腐蚀、重量轻、强度高和不易开裂等优点的聚酯玻璃钢制造,其它零部件也采用耐腐蚀的材料制造。

工作室内设有挂壁式喷雾发生装置。进行喷雾的玻璃喷嘴具有长期喷雾不结晶,耐磨损,不变形等特点,以保证盐雾沉降的重现性。工作室底部都有一个排气孔,并由夹道中的排气管道延伸至箱体后背引出分别进行排气、排水,做气流平衡之用。排气装置能做到气水分流,在长时间试验中能始终保持气流的平衡作用,排气口孔装有一个带螺纹的挡水圈,进行试验的工作室底部应灌水至挡水圈,使室内保持一定的水位。清洗时可旋去挡水圈,能排除室内剩水。后背部的塑料排气管口旋至向上进行排器气一方接头做排水之用,用户加接软管至存器或室内的排水槽。

箱顶盖的形状具有最适合的角度和保温夹层,试验时能保证顶盖上冷凝水不会直接滴落在试样上。箱盖与箱体的密合,采用上开盖密封装置,气密性能好。

采用机械传动或铰链装置控制顶盖的启闭,机械传动装置可使顶盖开启到任何角度,灵活,安全可靠。箱体正面装有两只玻璃顶管,可随时观察盐雾沉降情况。定顶管内的盐雾沉降量不是主要测定数据,真实的盐雾沉降量应根据国家标准规定的检测方法调试和测定。

工作室内配制的样品搁架和不同直径的试棒及带角度的试验槽,可供不同形状的试件安放和测定。箱体右侧是副箱体,上部安装电气控制和盐水储存筒,下部安装喷气管路。副箱体后背是敞开式的,可对压力等进行观察与调整。

(2)气源系统

气源系统是由空气压缩机、调压阀、压力表、油水分滤器、电磁阀、盐雾发生装置及管路等组成。气源系统的作用是能连续供给试验箱喷雾所需的压力和清洁的空气。环境空气通过压缩形成同压后,经过油水分离、过滤、调压、进入空气饱和器进行加热湿预热。通过二次降压阀接至喷嘴,使喷咀压力始终保持在稳定状态,保证盐雾试验顺利进行。

(3)盐水补给系统与喷雾装置

该系统由盐水箱、通水管、喷雾塔组成。高压气流通过喷嘴在吸水管口产生负压,吸水管将盐水箱中的盐水吸入喷嘴。

(4)电气控制系统

主要由箱温控制,饱和器水温控制,喷雾控制及空气压缩机电源控制等部分组成(参见电气原理图及控制仪表操作说明)。

箱温控制由控温仪表控制安装箱体底部的电加热装置,其热量通过试验室壁传到箱内:使箱温升到控温仪表设定的温度,利用放置在箱内的温度传感器进行测量,并在温控温仪上显示,控温仪表内部继电器的闭合,控制电加热器的通断而控制箱温的高低,当箱温达到试验规定温度时,将进入恒温状态。另外对控温仪表可进行超温报警设定,一般超温的设定温度可在试验温度上高出 5℃,比如试验温度是 35℃,超温的设定温度可设定为 40℃。本产品所用报警方式为绝对值报警。

水温控制就是对空气饱和器内的水温加热器进行控制,目的是使饱和器的空气加热到盐雾试验所要求的温度,由温度传感器,温度控制仪进行加热控制。饱和器的温度设定视环境温度而定,一般是略高于试验温度 10℃。

(5)其他控制原理

喷雾开关是对喷雾与否的控制。它通过控制气路上一只电磁阀的开闭来实现的,喷雾开关打开后,空气就在喷嘴的气管中以一定的压力喷出,只要盐水能吸上来,通过喷嘴上气管上的喷射,连续产生盐雾。

压缩机电源控制是要保证喷雾用的空气始终保持在一定的压力范围内,空气压缩机可由面板开关控制。

喷雾周期控制器在按试验方法标准要求进行间歇喷雾时,启用喷雾周期控制器,其主要作用也是控制电磁阀的通断。喷雾时间及停喷时间均在可编程定时器上进行设定。

温度仪表及可编程定时间的操作步骤详见仪表使用说明书。

3.5 操作步骤

1.试验前的准备工作

(1)试验箱水平放置,保持平稳。箱体四周留有一定的空间,以方便操作。

(2)空气饱和器在使用前应灌入蒸馏水或去离子水。加入量可观察玻璃水位管的水位,到达上端约 50 mm 即可。加水方法:进水管接通饱和器底部旋塞,并打开旋塞,同时打开筒盖上的旋塞。加水完毕后,关闭上下旋塞。在箱体的密封水槽内及工作室底部都需灌入洁净的自来水,密封水槽应灌满,工作室底部灌到挡水胶圈口为止,使底部能保持一定的水位。

(3)将配制好盐溶液倒入盐水储存筒内,并打开其开关(应注意该筒的开关方向),使盐溶液流入盐水自动补给器之后再流入喷雾塔中,在工作室升温时,盐溶液也同时进行升温,当达到试验温度时,再进行喷雾试验。

(4)温度控制仪表的感温元件(两只热电偶)分别插入工作室和饱和器内。

(5)进行盐雾试验时,排气管会有少量盐雾逸出,房间内如有贵重的精密仪器。用户可加接排气管到室外。

2.调整工作

①进气压力表用手调节调压阀,一般控制在 0.35 MPa 左右。

②喷雾压力由调压阀手动调节在 0.07~0.25 MPa 之间。对于已计量过的盐雾试验箱就调至原定的压力值上。

③结束试验后将饱和器上方的放气旋塞打开放尽存留气体。

3.注意事项

(1)一切设备就绪,按电源开关,温控仪指示亮,表示整机已经通电。如发现指示灯不亮,应检查电源是否有电或检查保险丝的接线螺母有无松动和脱落现象。

(2)箱体外的两只滴定管,主要是供测试者观察箱内喷雾情况,判断有无断水或喷嘴堵塞现象。

(3)当发现空气压缩机正常工作,而喷嘴压力表压力无法调节或无压力时,应检查箱内外喷气管路有无脱落和漏气现象。

(4)随时观察盐水自动补给器的动作是否灵活、正常,如果发生故障,断水后将严重影响盐雾试验的正常进行。拆下修理时,要注意其安装位置。为避免喷嘴堵塞,溶液在使用之前必须过滤。

(5)在使用时应随时注意、观察油水分滤器的积污情况,发现大量沉积时,应及时排除。试验结束后清洗分滤器。

(6)空气饱和器内的蒸溜水虽然损耗是微小的,但长时间使用后水位也会下降,应注意内部水位不得低于二分之一,以防止烧毁饱和器内的电加热器。

(7)空气压缩机的噪音会影响他人的工作,可把空压缩机置于室外。用户也可利用本单位现有的气源,只要符合要求均可进行喷雾试验。

(8)盐雾试验结束后,就放尽管道内的存气,并用清水冲洗试验室和玻璃喷嘴防止盐分结晶堵塞喷嘴。清洗时可旋去工作室底部挡水圈,排净室内污水。

3.6　数据记录与处理

开始时间(t_0):　　　取出时间(t_1):　　　试验时间(t_1-t_0):

试　件　编　号		01	02	03
试　件　材　料				
试样尺寸	长度/mm			
	宽度/mm			
	厚度/mm			
	表面积/mm²			
介质成分				
试样重量	实验前 W_0			
	试验后 W_1			
喷雾方式				
箱内温度				
腐蚀形态				
腐蚀增重				
腐蚀失重				
腐蚀速率				

3.7　结果处理

(1)计算出各试样的腐蚀速度;

(2)给出实验后的表面腐蚀形貌,并进行抗盐雾腐蚀性评价。

3.8　思考与讨论

(1)对试验金属材料的耐盐雾腐蚀性能进行评价。

(2)比较试验材料的抗盐雾腐蚀性能。

(3)讨论盐雾腐蚀的影响因素。

(4)你认为盐雾腐蚀试验的优、缺点是什么？如何正确地设计材料的盐雾试验？

附:试验标准举例

轻工产品金属镀层和化学处理层的耐腐蚀试验方法中性盐雾试验(NSS)法
Corrosion-resistant testing. method of the metal deposits and
conversion coatings for the light industrial products
Neutral salt spraying test（NSS）

国家标准局 1986—03—11 发布　　　　1986—12—01 实施

本方法适用于检验金属镀层和化学处理层的耐腐蚀性能。

本标准参照国际标准 ISO 3768—1976《金属保护层——中性盐雾试验(NSS试验)》。

1. 设备

1.1 试验设备由盐雾箱、盐水储存器、压缩空气供应(包括净化)系统、喷嘴、样品支架以及加热和其他必要控制手段所组成。如得到的条件能满足本方法的要求,设备的尺寸和详细构造不受限制。

1.2 试验设备的结构材料不应影响盐雾的腐蚀性能,同时又耐盐雾腐蚀。

1.3 盐雾箱顶部凝聚的液滴不允许滴到试样上。

1.4 箱内设有挡板,使盐雾不直接喷到试样上。

1.5 在箱内暴露区,至少放置二个清洁的收集器。一个紧靠喷嘴,另一个放在离喷嘴最远处。它们放置的位置要求收集的只是盐雾而不是从试样或箱内其他部分滴下来的液体。合适的收集器是插入量筒中的直径为 10 cm 的漏斗,收集面积为 80 cm^2。

1.6 如果设备已经作过不同于本试验规定溶液的试验,在使用前必须充分清洗。

2. 试验溶液

2.1 溶解 50 ± 5 g 化学纯的氯化钠于蒸馏水中配成 1 L 的溶液。

2.2 溶液的 pH 值可用化学纯的盐酸或氢氧化钠调整到 6～7 的范围,用 pH 计测量。经过校对过的精确;pH 试纸也能用于日常检查.为了去除水中溶解的二氧化碳,所以自己制时应先将蒸馏水煮沸 30 s,冷却后即使用。

2.3 为了去除使喷雾设备喷嘴堵塞的任何物质,溶液在存入贮水槽以前必须过滤。

2.4 从试样上滴下的溶液不能再作喷雾使用。

3. 试验条件

3.1 箱内温度为 35 ± 2℃,湿度大于 95%。

3.2 盐雾沉降量根据连续喷雾 8 h 的平均值确定,盐雾沉降量应为 $1\sim2$ mL/$80(cm^2 \cdot h)$。

3.3 收集的盐雾液应含氯化钠 50 ± 10 g/L,pH 值应为 6.5～7.2,喷嘴压强应为 $0.7\sim1$ kg/cm^2。

3.4 试件位置不得高于喷雾室盐雾的逸出口。

4. 试验方法

4.1 喷雾方式为连续吸雾,在规定的试验时间内喷雾不得中断。

4.2 喷雾周期按小时计,具体要求按产品需要确定,定为 2、4、6、8、12、18、24、30、36、42、48、72、96、120 h 等。

4.3 如果试验的终点是取决于最初腐蚀点的出现,试样应经常检查。为此这些试样就不要同其他另有预定试验时间的试样一起试验。

4.4 在试验过程中试样表面不能被损坏,并且检查和记录任何观察到的变化,所需的进箱时间应尽可能短。

5. 试样

5.1 试样准备。试样必须充分清洗。所使用的清洗方法视表面情况和污物的性质而定,例如乙醇、丙酮等,但不能使用任何会侵蚀试样表面的磨料和溶剂。试样清洗后必须注意不要触摸,以免再被污染。

5.2 试样在箱内放置的位置,应使受试的主要表面与垂直线成 15°…,30°,并与盐雾在箱内流动的主要方向平行。同时试样放置应能使盐雾在所有试样上自由地沉降。一个试样上的盐溶液不得落在任何其他试样上。

5.3 试验时必须注意:试样不得互相接触,也不得与其他金属或吸水材料以及箱体相接触,与箱壁相距不少于 50 mm。如果试样需要悬挂,悬挂材料不能用金属,必须用人造纤维或其他惰性绝缘材料。

5.4 试样外脚边缘或作有识别标记的地方,应以适当的材料进行防腐蚀涂覆

（如油漆、石蜡或粘结胶带等）。

5.5 箱内温度应在达到试验温度时，才放进试样。

6. 试样的清理及检查

试验结束后，从盐雾箱中仔细取出试样，用流动冷水〈低于 35℃〉轻轻冲洗或用海绵等从表面除去盐沉积物，然后立即进行 80～100℃、30 min 左右的干燥（如不烘干也能明确检验者除外），并及时检查腐蚀程度或其他缺陷。多数试验的常规记载需考虑如下几个方面：

a.试验后外观；

b.去除腐蚀产物后的外观；

c.腐蚀缺陷的部分、数量和状态（点蚀、裂纹、气泡等）；

d.被腐蚀时间或按 4.3 规定开始出现腐蚀前所经历的时间。

7. 试验结果评定

7.1 对经过盐雾试验的金属镀层及化学处理层的腐蚀评级按 GB 5944—86《轻工产品金属镀层腐蚀试验结果的评价》的规定评定。

7.2 试验结果既要考核镀层对基体金属的防蚀能力，又要考核镀层本身的耐蚀能力。

8. 试验报告

8.1 试验报告项目内容大致要求如下：

8.1.1 被试的镀层或产品的名称说明。

8.1.2 镀层的已知特征及表面处理的说明。

8.1.3 代表各种镀层或产品提供试验的试样数量。

8.1.4 有关试验条件。

8.2 试验报告必须按所规定的评价标准报告结果。

附加说明：

本标准由中华人民共和国轻工业部提出。

本标准由上海市日用五金工业研究所、上海市轻工业研究所负责起草。

本标准主要起草人何长林、张福林、董子成、姜海珠。

实验 *4*

金属电沉积的原理与工艺

4.1　实验意义

电化学描述的是在电解液中金属电极上由于电子的转移而引起材料改变的现象和规律。电极只有两个,一个是阳极,一个是阴极。阳极上发生的是失去电子过程,是氧化反应,把金属原子变成离子,学科上称为电解,工程上是腐蚀。阴极上发生的是获得电子过程,是还原反应,把金属离子变成原子,学科上称为电沉积,工程上是电镀。前面 3 个实验就是让我们认识阳极的电解(腐蚀)的基本规律。本实验是认识在阴极上发生的电沉积(电镀)的基本规律。电沉积是一种用电化学方法在镀件表面上沉积所需形态金属覆层的工艺。电沉积的目的是改善材料的外观,提高材料的各种物理化学性能,赋予材料表面特殊的耐蚀性、耐磨性、装饰性、焊接性及电、磁、光学性能等。为达到上述目的,镀层一般仅需几微米到几十微米厚。电镀工艺设备较简单,操作条件易于控制,镀层材料广泛,成本较低,因而在工业中广泛应用。

可沉积的镀层种类很多,按使用性能分类,可分为:

①防护性镀层,例如锌、锌-镍、镍、镉、锡等镀层,作为耐大气及各种腐蚀环境的防腐蚀镀层。

②防护-装饰性镀层,例如 Cu－Ni－Cr 镀层等,既有装饰性,亦有防护性。

③装饰性镀层,例如 Au 及 Cu－Zn 仿金镀层、黑铬、黑镍镀层等。

④耐磨和减磨镀层,例如硬铬,松孔铬,Ni－SiC,Ni－石墨,Ni－PTFE 复合镀层等。

⑤电性能镀层,例如 Au,Ag,Rh 镀层等,既有高的导电率,又可防氧化,避免增加接触电阻。

⑥磁性能镀层,例如软磁性能镀层有 Ni－Fe,Fe－Co 镀层;硬磁性能有 Co－P,Co－Ni,Co－Ni－P 等。

⑦可焊性镀层,例如 Sn - Pb,Cu,Sn,Ag 等镀层,可改善可焊性,在电子工业中广泛应用。

⑧耐热镀层,例如 Ni - W,Ni,Cr 镀层,熔点高,耐高温。

⑨修复用镀层,一些造价较高的易磨损件,或加工超差件,采用电镀修复,可节约成本,延长使用寿命。例如可电镀 Ni,Cr,Fe 层进行修复。

若按镀层成分分类,可分为单一金属镀层、合金镀层及复合镀层。

不同成分及不同组合方式的镀层具有不同的性能。如何合理选用镀层,其基本原则与通用的选材原则大致相似。首先要了解镀层是否具有所要求的使用性能,然后按照零件的服役条件及使用性能要求,选用适当的镀层,还要按基材的种类和性质,选用相匹配的镀层,例如阳极性或阴极性镀层。特别是当镀层与不同金属零件接触时,更要考虑镀层与接触金属的电极电位差对耐蚀性的影响,或摩擦副是否匹配。另外要依据零件加工工艺选用适当的镀层,例如,铝合金镀镍层,镀后常需通过热处理提高结合力,若是时效强化铝合金,镀后热处理将会造成过时效。此外,还要考虑镀覆工艺的经济性。

通过本试验可让学生了解电沉积的基本原理,了解影响电沉积材料表面镀层的基本因素,为学生今后的研究工作和工程上正确应用该工艺奠定基础。

4.2 目的要求

(1)掌握电沉积金属的原理。

(2)了解金属电沉积的操作的基本方法。

(3)认识沉积温度、镀液 pH 值、电流密度等主要的沉积参数对镀层的影响程度。

4.3 基本原理

1.概述

金属电沉积是指在直流电的作用下,电解液中的金属离子还原,并沉积到零件表面形成有特定性能的金属镀层的过程。电解液主要是水溶液,也有有机溶液和熔融盐。从水溶液和有机溶液中电镀称为湿法电镀,从熔融盐中电镀称为熔融盐电镀。非水溶液、熔融盐电镀虽已部分获得工业化应用,但不普遍。

金属离子以一定的电流密度进行阴极还原时,电极的电极电位可表示为:

$$\varphi = \varphi_{\Psi} - \eta_k$$

φ_Ψ 为金属在电解液中的平衡电位，η_k 是在此电流密度下的阴极过电位。

原则上，只要电极电位够负，任何金属离子都可能在阴极上还原，实现电沉积。但由于水溶液中有氢离子、水分子多种其它离子，使得一些还原电位很负的金属离子实际上不可能实现沉积过程。所以金属子在水溶液中能否还原，不仅决定于其本身的电化学性质，还决定于金属的还原电位与氢离子还原电位的相对大小。若金属离子还原电位比氢离子还原电位更负，则电极上大量析氢，金属沉积极少。周期表上70多种金属元素中，约有30多种金属可以在水溶液中电沉积。表4-1是金属从水溶液、氯化物溶液中还原的可能性说明图。表4-1中区域Ⅰ内的元素不能在水溶液中沉积。如 Na,K,Mg,Ca 等标准电极电位比氢负得多，很难沉积。即使在阴极上还原，也会立即与水反应而氧化。Mo,W 类金属也难从水溶液中单独沉积出来，只能与其它元素形成合金实现共沉积。区域Ⅱ内的金属（Cr 族右方）的简单离子都能较易从水溶液中沉积出来。愈靠右边的金属，愈易还原，而且交换电流密度较小，Fe,Co,Ni 元素的更小。区域Ⅲ内的金属的电极电位更向正移动，但交换电流密度较大。

表 4-1　金属从水溶液、氯化物溶液中还原的可能性说明

周期	元素																	
第三	Na	Mg										Al	Si	P	S	Cl	Ar
第四	K	Ca	Sc	Ti	V	Cr	Mn	Fe	Co	Ni	Cu	Zn	Ga	Ge	As	Se	Br	Kr
第五	Rb	Sr	Y	Zr	Nb	Mo	Tc	Ru	Rh	Pd	Ag	Cd	In	Sn	Sb	Te	I	Xe
第六	Cs	Ba	稀土金属	Hf	Ta	W	Re	Os	Ir	Pt	Au	Hg	Tl	Pb	Bi	Po	At	Rn
	Ⅰ				→水溶液中有可能电沉积Ⅱ				→氯化物溶液中可以电沉积 Ⅲ					→非金属				

2.沉积溶液

一种电沉积溶液有固定的成分和含量要求，使之达到一定的化学平衡，具有所要求的电化学性能，才能获得良好的镀层。通常镀液由如下组分构成。

①主盐。沉积金属的盐类，有单盐，如硫酸铜、硫酸镍等；有络盐，如锌酸钠、氰锌酸钠等。

②配合剂。配合剂与沉积金属离子形成配合物，改变镀液的电化学性质和金属离子沉积的电极过程，对镀层质量有很大影响，是镀液的重要成分。常用配合剂有氧化物、氢氧化物、焦磷酸盐、酒石酸盐、氨三乙酸、柠檬酸等。

③导电盐。其作用是提高镀液的导电能力,降低槽端电压提高工艺电流密度。例如镀液中加入 Na_2SO_4。导电盐不参加电极反应,酸或碱类也可作为导电物质。

④缓冲剂。在弱酸或弱碱性镀液中,pH 值是重要的工艺参量。加入缓冲剂,使镀液具有自行调节 pH 值能力,以便在施镀过程中保持 pH 值稳定。缓冲剂要有足够量才有较好的效果,一般加入 $30\sim40g/L$,例如氯化钾镀锌溶液中的硼酸。

⑤阳极活化剂。在电镀过程中金属离子被不断消耗,多数镀液依靠可溶性阳极来补充,使金属的阴极析出量与阳极溶解量相等,保持镀液成分平衡。加入活性剂能维持阳极活性状态,不会发生钝化,保持正常溶解反应。例如镀镍液中必须加入 Cl^-,以防止镍阳极钝化。

⑥镀液稳定剂。许多金属盐容易发生水解,而许多金属的氢氧化物是不溶性的。如(式中 M 为二价金属)

$$MX_2 + 2H_2O \rightarrow M(OH)_2 \downarrow + 2HX$$

生成金属的氢氧化物沉淀,使溶液中的金属离子大量减少,电镀过程电流无法增大,镀层容易烧焦。

某些碱性镀液中,如果没有 CO_2 接受剂存在,则镀液会吸收空气中的 CO_2 而形成金属化合物沉淀。例如氰化物溶液,金属氰化配合物易被空气中 CO_2 所破坏,形成大量碳酸盐沉淀或结晶物。

⑦特殊添加剂。为改善镀液性能和提高镀层质量,常需加入某种特殊添加剂。其加入量较少,一般只有几克每升,但效果显著。这类添加剂种类繁多,按其作用可分为:

光亮剂:可提高镀层的光亮度。

晶粒细化剂:能改变镀层的结晶状况,细化晶粒,使镀层致密。例如锌酸盐镀锌液中,添加环氧氯丙烷与胺类的缩合物之类的添加剂,镀层就可从海绵状变为致密而光亮。

整平剂:可改善镀液微观分散能力,使基体显微粗糙表面变平整。

润湿剂:可以降低金属与溶液的界面张力,使镀层与基体更好地附着,减少针孔。

应力消除剂:可降低镀层应力。

镀层硬化剂:可提高镀层硬度。

掩蔽剂:可消除微量杂质的影响。

以上添加剂应按要求选择应用,有的添加剂兼有几种作用。这些添加剂主要是有机化合物,无机化合物也配合使用,如电解质的性质、温度、溶液浓度等。

3.金属的电沉积过程

当直流电通过两电极及两极间含金属离子的电解液时,金属离子在阴极上还原沉积成镀层,而阳极氧化将金属转移为离子。图4-1是原理示意图。在硫酸铜溶液中插入两个铜板,并与直流电源相接,当施加一定电压时,两极就发生电化学反应。

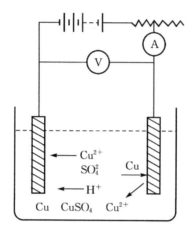

图4-1　电镀原理示意图

$$Cu^{2+}(溶液内部) \rightarrow (扩散)Cu^{2+}(阴极表面)$$
$$Cu^{2+}(阴极表面) + 2e^- \rightarrow Cu(金属)$$

事实上金属沉积过程要比上述电化学反应式所表达的复杂得多,它由一系列步骤组成,见图4-2。

(1)电镀离子的传送

液相中的反应粒子(金属水化离子或配合离子)向阴极表面传递的步骤,有电迁移、扩散及对流三种不同方式。

①电迁移

电迁移是指液相中带电反应粒子在电场作用下向电极运动的过程,驱动力为电场梯度。在电场作用下,金属正离子向阴极迁移。

单位时间、单位面积通过的离子摩尔数称为电迁移流量(J_e),J_e与推动单位电量电荷的电场强度成正比,即

$$J_e = B'E_f = B'\Delta\varphi/l \tag{4-1}$$

式中,B'为常数;E_f为场强,数值上等于电位梯度;$\Delta\varphi$为两液面间电位差;l为两液面间距离。

在电沉积中,通常用电量表示电迁移流量,单位时间、单位面积通过的电迁移

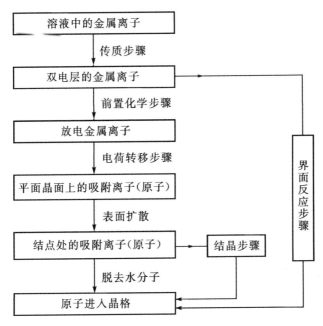

图 4-2　金属电沉积过程说明图

流量(电量)就是我们熟知的电流密度,以 i 表示

$$i = I/S = Z_i F J_e \qquad (4-2)$$

式中, I 为电流强度,A; S 为液面面积,m^2; Z_i 为离子价数; F 为法拉第电量, 96 500C・mol^{-1}。将(4-1)式代入(4-2)式,得

$$i = Z_i F B' E_f \qquad (4-3)$$

令 $Z_i F B' = K$,则 $i = K E_f$ 　　或　　 $I = K \Delta \varphi S/l$

可见 K 即为电导率,表示导体面积 S 和长度 l 均为 1 时的电导,单位为 S・m^{-1}。

从溶液电导率可以判断金属离子电迁移速度与量的概念。影响溶液电导率的 因素很多如电解质的性质、温度、溶液浓度等。

②扩散

扩散分为稳态扩散和非稳态扩散。稳态扩散在开始的瞬间都是非稳态的。当 受外界干扰时,稳态过程又会出现新的非稳态过程。

③对流

当采用阴极移动或搅拌时,溶液产生强烈对流。这时,对流便成为重要的离子 传输方式。

（2）前置化学步骤

研究表明，直接参加阴极电化学还原反应的金属离子往往不是金属离子在电解液中的主要存在形式。在还原之前，离子在阴极附近或表面发生化学转化，然后才能放电还原为金属。以 X、Y 表示配位体，p，q 表示配位数，且 $p>q$，则 H 前置化学转化有两种类型

$$MX_p-(\rho-q)X=MXq+ne^-\rightarrow M$$

主要存在形式　　　表面转化后的形式

$$MXp+qY=Myq+ne^-\rightarrow M$$

主要存在形式　　　表面转化后的形式

第一种转化步骤是指配位数较高的配位离子或水化离子，在电极表面转化为配位数较低的配位离子或水化离子，是配位数降低的前置步骤，再由低配位离子直接放电，还原为金属离子。因为配位数较高的配位离子有较高的活化能，在阴极上还原要克服较高的势垒，而配位数较低的配位离子或水化离子有适中的活化能，容易发生放电还原反应。例如碱性锌酸盐镀锌，锌离子主要存在形式为 $[Zn(OH)_4]^{2-}$，而放电离子为 $Zn(OH)_2$，因此，其前置转化步骤为：

$$[Zn(OH)_4]^{2-}=Zn(OH)_2+2H^-$$

$$Zn(OH)_2+2e^-\rightarrow Zn+2OH^-$$

第二种表面转化步骤是指一种配位体的配位离子，在阴极表面转化为另一种配位体的配位离子，是配位体转换的表面转化步骤，这主要是因为 X 配位体形成的配位离子有较高的活化能，难以在阴极表面发生电化学还原反应。而 Y 配位体的配位离子有适中的活化能，在给定电位下可发生电化学反应。例如氰化物镀锌，锌离子的主要存在形式为 $[Zn(CN)_4]^{2-}$，$[Zn(CN)_3]^-$ 等，而放电离子为 $Zn(OH)_2$，其前置转化步骤如下

$$[Zn(CN)_4]^{2-}+4OH=[Zn(OH)_4]^{2-}+4CN^-$$

$$[Zn(OH)_4]^{2-}=Zn(OH)_2+2OH^-$$

$$Zn(OH)_2+2e^-\rightarrow Zn+2OH^-$$

（3）电荷转移步骤

反应离子在阴极表面得到电子形成吸附原子（adatom）或吸附离子（adion）的过程称为电荷转移步骤，又称为电化学步骤，这里主要发生电荷从阴极表面转移到反应离子的过程，这是电沉积过程的一个重要步骤。电荷转移不是一步完成的，而是经过一种中间活性离子状态。在电场作用下，金属离子首先吸附在电极表面，在配位体转换、配位数下降或水化分子数下降的过程中，金属离子的能量不断提高，致使中心离子中空的价电子能级提高到与电极的费米能级近时，电子就可以在电极与离子之间产生跃迁，往返的频率很高，几率近于相等。可以认为活化离子所带

电荷仅为离子电荷的一半,这种中间活化态的离子就是吸附原子,即吸附原子是保留着部分电荷的离子。继之,失去剩余的水化分子并进入金属晶格,完成电荷转移的全过程。

(4)结晶步骤

吸附原子通过表面扩散到达生长点而进入晶格,或吸附原子相互碰撞形成新的晶核并长大成晶体。

4.沉积金属的电结晶

(1)过电位在电结晶中的意义

电结晶是在电化学作用下金属离子从溶液中沉积出来形成晶体的过程,它具有一般结晶过程的规律,也有它的特殊规律。电结晶是一个电化学过程,金属离子能否还原,决定于阴极电位的高低,过电位是必不可少的。

金属与金属离子之间发生交换反应,设金属氧化反应速率(阳极电流密度)为 i_a,金属离子还原反应速率(阴极电流密度)为 i_c,在平衡电位下,两者反应速率相等,即

$$M^{2+} + 2e = M \quad (M 为二价金属)$$

其中 $i_a = i^0 = i_c$,i^0 是平衡电位时的交换电流密度。

在平衡电位下,金属离子不会在阴极上沉积。

若外加电场使阴极电位偏离平衡电位并向负方向移动,即产生一定的过电位,还原速度将大于氧化速度,即 $i_c > i_a$,金属离子便会在阴极上沉积。所以金属离子的电结晶需要有一定的过电位,它的作用可比拟为金属凝固时的过冷度。过电位影响电沉积层的形成和性质,对电结晶机理的研究有重要作用。

(2)金属阳极的溶解

电镀过程中,阳极与阴极是相辅相成的一对,阳极也起着重要作用。多数镀种都采用可溶性阳极,阳极金属发生氧化反应,产生金属离子。产生的离子数量应与阴极上析出的数量相等,才能保持镀液稳定。在一定的电流密度范围内,随着电流密度升高,阳极溶解速度加大,电极处于活化状态。由于可溶性电极都有较大的交换电流密度,电极极化不大。但有时会出现反常现象,随着外加电位升高,阳极产生很大极化,而溶解速度急剧降低,这是因为在阳极表面生成了钝化膜,产生了阳极极化。所以在有些溶液中需要加入阳极活化剂。例如不含氯离子的镀液中,镍阳极很容易钝化。而加入氯离子以后,可使阳极保持正常溶解。

(3)镀层的组织结构

实验测出,不同晶面上沉积过电位不同,金属沉积速率不同。因为不同晶面上原子排列方式和原子数量不同,因此吸附原子与不同晶面结合的键能也不同。不

同晶面生长速度不同便会改变原有的晶体结构,出现新的晶面。

外延生长(epitaxy)是镀层金属沿基体金属晶格生长的一种方式,一般发生在镀层形成和生长的初始阶段,然后恢复到沉积金属的晶体结构。外延的程度取决于基体与沉积金属晶格的类型和常数。两金属晶格类型相同,或晶格常数相差不大时,可发生外延,厚度可达 $10\sim40$ μm。若晶格常数相差超过 15%,或基体金属晶粒很细小,外延生长就较困难。外延生长对镀层与基体的结合是有利的。

镀层的结晶形态可归纳为层状、块状、棱锥状、纤维状飞脊状、螺旋状等基本类型。在一定条件下,电结晶组织出现择优取向,形成织构。

5.影响电镀层质量的基本因素

(1)镀液的影响

镀液的各种成分对镀层质量都有直接和间接的影响。

①配离子的作用。配离子使阴极极化作用增强,所以镀层比较致密,镀液的分散能力也较好,整平能力较高。

②主盐浓度的影响。主盐浓度增大,浓差极化降低,导致结晶形核速率降低,所得组织较粗大。这种作用在电化学极化不显著的醇盐镀液中更为明显。稀溶液的分散能力比浓溶液好。

③附加盐的作用除可提高镀液的电导性外,还可增强阴极极化能力,有利于获得细晶的镀层。

④添加剂的作用。添加剂在镀液中的作用有两种主要方式:其一,形成胶体吸附在金属离子上,阻碍金属离子放电,增大阴极极化作用;其二,吸附在阴极表面上,阻碍金属离子在阴极表面上放电,或阻碍放电离子的扩散,影响沉积结晶过程,并提高阴极极化作用。添加剂按其性质不同,有整平、光亮、润湿、消除内应力等作用,从而改善镀层组织、表面形态、物理、化学和力学性能。

(2)电镀规范的影响

①电流密度的影响。每种镀液有它最佳的电流密度范围。提高电流密度,必然增大阴极极化作用。使镀层致密,镀速升高。但电流密度过大,镀层会被烧黑或烧焦;电流密度过低,镀层晶粒粗化,甚至不能沉积镀层。

②电流波形的影响。电流波形对镀层质量的影响,在某些镀液中非常明显,例如单相半波或全波整流用于镀铬时,镀铬层是灰黑色的。而三相全波整流的波形与稳压直流相似,它们的电镀效果和质量没有明显区别。

③周期换向电流的作用。周期性地改变直流电流方向可适当控制换向周期、电镀时间和退镀时间,可使镀层均匀、平整、光亮。因为退镀时,可去除劣质镀层和镀件凸出处较厚的镀层;周期换向还可减弱阴、阳极的浓差极化作用。但在酸性槽

液中,带凹槽的镀件,采用周期换向工艺是有害无益的。

④温度的影响。通常温度升高,阴极极化作用降低,镀层结晶粗大;但允许提高电流密度上限并使阴极电流效率提高,改善镀层韧性和镀液的分散能力,减少镀层吸氢量。不同的镀液有其最佳温度范围。

⑤搅拌的影响。搅拌增强电解液的流动,降低阴极的浓差极化,使镀层结晶粗大,但搅拌允许提高电流密度,这可抵消或降低浓差极化的作用,并提高生产率。搅拌还可增强整平剂的效果。

(3)pH 值及析氢的影响

①pH 值的影响。镀液的 pH 值影响氢的放电电位、碱性夹杂物的沉淀、沉积金属的配合物或水化物的组成以及添加剂的吸附程度。在酸性溶液中,氢过电位随 pH 值的增大而升高,而在碱性溶液中情况恰好相反。因此在弱酸及弱碱电镀液中,控制 pH 值是很重要的。pH 值对硬度和应力的影响,可能主要是通过夹杂物的性质和分布起作用的。

②析氢的影响。阴极上金属沉积时,总伴随着氢气的析出。氢气析出的原因是金属离子的沉积电位较负,或者氢的析出过电位较低。氢的析出对镀层质量的影响是多方面的,其中以氢脆、针孔、起泡最为严重。

(4)基体金属对镀层的影响

①基体金属性质的影响。镀层的结合力与基体金属的化学性质及晶体结构密切相关。如果基体金属电位负于沉积金属电位,就难以获得结合良好的镀层,甚至不能沉积。若材料(如不锈钢、铝等)易于钝化,不采取特殊活化措施也难以得到高结合力镀层。基体材料与沉积金属其晶体结构相匹配时,利于结晶初期的外延生长,易得到高结合力的镀层。

②表面加工状态的影响。镀件表面过于粗糙、多孔、有裂纹,镀层亦粗糙。在气孔、裂纹区会产生黑色斑点,或鼓泡、剥落现象。铸铁表面的石墨有降低氢过电位的作用,氢易于在石墨位置析出,阻碍金属沉积。

(5)前处理的影响

镀件电镀前,需对镀件表面作精整和清理,去除毛刺、夹砂、残渣、油脂、氧化皮、钝化膜,使基体金属露出洁净、活性的晶体表面。这样才能得到健全、致密、结合良好的镀层。前处理不当,将会导致镀层起皮、剥落、鼓泡、毛刺、发花等缺陷。

4.4　仪器、药品和实验装置

水浴锅　　　　　　　　　　　　　　　　　　　　　每组 1 个
稳压整流器(带电压表和电流表,最小刻度 0.01A)　　每组 1 台

2L 烧杯	每组 4 个
电镀支架	每组 2 套
Ni 电镀液	2 种
镍阳极板(40 mm×100 mm)	每组 2 快
Φ2 铜线	1 盘
鳄鱼夹	若干个
玻璃温度计(100℃)	若干个
切板机	1 台
砂轮机	1 台
1~2 mm 白碳钢版	若干条
卡尺	1 把
1 kW 盘式电炉	1 个
Na_2CO_3	1 瓶
盐酸	1 瓶
试件表面处理用品	若干

4.5　实验操作

1.工艺流程

镀前处理→ 热水洗→ 冷水洗→ 入电镀槽→ 接通电路→出槽水洗

2.普通镀液配制及推荐工艺

硫酸镍($NiSO_4 \cdot 7H_2O$)	290(g/L)
氯化镍($NiCl_2 \cdot 7H_2O$)	50(g/L)
硼酸(H_3BO_3)	40(g/L)
pH	4.0~4.2
温度	50~60℃
阴极电流密度	1.0~2.5(A/dm²)

镀制时间:10~20 min

试验中,学生可自己改变 pH 值、电流密度等镀制试验,然后对各镀件进行质量评价。

3.纳米 Ni 镀液的配制与推荐工艺

为了节省时间,该镀液配制可由教师提前准备好。

工艺:

pH 值	3.5～4.5
温度	60℃
阴极电流密度	3～4.5(A/dm²)

对此试验,学生也可自己改变 pH 值、电流密度等镀制试验,然后对各镀件进行质量评价。

4.6　数据记录

开始时间(t_0):　　　取出时间(t_1):　　　试验时间(t_1-t_0):

试　件　编　号		01	02	03
试　件　材　料				
试样尺寸	长度/mm			
	宽度/mm			
	厚度/mm			
	表面积/mm²			
镀液种类		普通 Ni	纳米 Ni	
镀液温度（推荐）				
镀液温度(1)				
镀液温度(2)				
电流密度（推荐）				
电流密度(1)				
电流密度(2)				
pH(推荐)				
pH　　(1)				
pH　　(2)				
推荐镀速(镀层厚度/时间)		/　＝	/　＝	

4.7　结果处理

(1)对于推荐参数下镀制的试样的镀层质量,镀制速度做出评价。

(2)对改变电流密度、pH 值后的电镀工艺做出评价。

4.8　思考与讨论

(1)电镀的前处理的作用为什么是必要的?

(2)电镀一段时间后溶液的 pH 为什么会发生变化?

(3)电镀层的结合力不好是影响镀层质量的最大问题,镀层脱落、起泡的原因是什么?

实验 *5*

电刷镀的原理与工艺

5.1 实验意义

电刷镀是电镀的一种特殊方式,不用镀槽,只需在不断供应电解液的条件下,用一支镀笔在工件表面上进行擦拭,从而获得电镀层。所以,刷镀又称无槽电镀。1967 年至今,刷镀技术从电源设备、镀笔、工艺、镀液、辅具等各方面都不断得到充实、完善,形成了一套完全独立、可靠而实用的新的电镀工艺。特别是近几年来,刷镀的电源设备趋于轻巧,镀液品种日趋齐全,专用辅助器具配套,应用范围不断扩大,已深入到国民经济各部门,科研成果不断出现,到 1986 年的统计,直接和间接经济效益已达十亿元。这几年脉冲刷镀电源已成功地用于刷镀,镀层质量得到进一步提高。虽然镀镍应用最广,但多种镀液已被不断开发。刷镀是依靠一个与阳极接触的导电刷子提供电镀需要的电解液,电镀时,垫或刷在被镀的阴极上移动的一种电镀方式。

刷镀最初是电镀工人用来修补槽镀零件缺陷的一种方法。

刷镀的主要特点如下:

(1)设备简单,不需要镀槽,便于携带,适用于野外及现场修复。尤其对于大型、精密设备的现场不解体修复更具有实用价值。修复周期短,费用低,经济效益大。

(2)操作过程允许使用较高的电流密度,一般为 $300\sim400$ A/dm^2,最大可达 $500\sim600$ A/dm^2。它比槽镀使用的电流密度大几倍到几十倍。

(3)镀液中金属离子含量高,所以镀积速度快(比槽镀快 5~50 倍)。

(4)溶液种类多,应用范围广。目前已有一百多种不同用途的刷镀液,可适用于各个行业不同的需要。当然,还需要开发更多的高性能刷镀液。

(5)溶液性能稳定,使用时不需要化验和调整,无毒,对环境污染小,不燃、不爆、储存、运输方便。

(6)配有专用除油和除锈的电解溶液。所以表面预处理效果好,镀层质量高,结合强度大。

(7)刷镀层厚度的均匀性可以控制,既可均匀镀,也可以不均匀镀。

(8)镀后一般不需要机械加工。

刷镀技术可用于下列场合:

(1)修复加工超差及表面磨损零件,恢复其尺寸精度和几何形状精度。

(2)修复工件表面的划伤、沟槽、凹坑、斑蚀。

(3)制备工件表面局部的防护层,如要求表面耐腐蚀、抗氧化、耐高温等。

(4)改善材料局部的钎焊性、导电性、导磁性以及减磨性。

(5)修复印刷电路、电气触头、电子元件。

(6)可完成用槽镀难于完成的镀层作业。

5.2　目的要求

(1)掌握电刷镀沉积金属的原理,了解与槽渡沉积金属的异同。

(2)了解电刷镀沉积的操作的基本方法和工艺。

(3) 认识电刷移动速度及设定电压对刷镀层质量的影响。

5.3　基本原理

刷镀也是一种金属电沉积的过程,基本原理同电镀。但由于没有镀槽设备,实际的沉积机理还是有很大区别的,但这方面的研究还比较欠缺。总之,镀液的配方和工艺条件不能照搬槽镀,即电镀液不能通用。一般来说,工作层的刷镀液都是专利性的。

图 5-1 是电刷镀工作过程的示意图,也可以说是刷镀的工艺原理图。直流电源的正极通过导线与镀笔相联,负极通过导线和工件相联,当电流方向由镀笔流向工件时为正向电流,正向电流接通时发生电沉积;电流方向从工件流向镀笔时为反向电流,反向电流接通时工件表面发生溶解。由于刷镀无需电镀槽,两极距离很近,所以常规电镀的溶液不适用来作刷镀溶液。刷镀溶液中的金属离子的浓度要离得多,需要配制特殊的溶液。完整的刷镀过程还应包括预处理过程。

预处理过程包括镀前工件表面的电清洗和电活化工序,这些处理都使用同一电源,只是镀笔、溶液、电流方向等工艺条件不同而已。

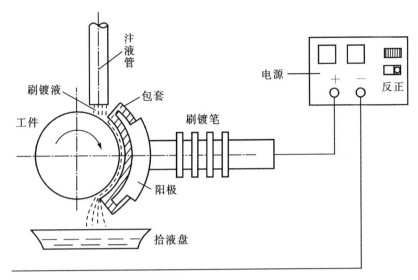

图 5-1 电刷镀工作过程示意图

5.4 仪器、药品和实验装置

现代的刷镀技术要求有专用的设备和工辅具。它主要包括电源装置,一整套齐备的镀笔工具和可更换的阳极及包裹材料。

（1）电源

①电源是实施刷镀的主要设备,是用来提供电能的装置。且对此电源有特殊要求,要求有平直或缓降的外特性,即要求负载电流在较大范围内变化时电压的变化很小。

②输出电压应能无级调节,以满足各道工序和不同溶液的需要。常用电源电压可调节范围为 0～30 V,大功率电源,最高电压可达到 50 V。

③电源的自调节作用强,输出电流应能随镀笔和阳极接触面积的改变而自动调节。考虑到零件待镀面积大小的不同,常把电源按输出电流和电压的最大值分成几个等级,并配套使用。

④电源应装有直接或间接地测量镀层厚度的装置,以显示或控制镀层的厚度。

⑤有过载保护装置。当超载或短路时,能迅速切断主电路,保护设备和人身安全。

⑥输出端应设有极性转换装置,以满足各工序的需要。

⑦电源应带正负极性转换装置,以方便刷镀过程中的操作。

⑧电源应有过载保护装置,防止阴阳极之间发生短路。

（2）镀笔（阳极）

阳极最多采用的是石墨制造,对于极小尺寸的阳极,也可以采用铂铱合金、不锈钢等制造。阳极的形状要与待镀面尽可能吻合。镀笔主要由阳极、散热装置、导电芯棒和绝缘手柄等组成。阳极表面要包脱脂棉,要有一定厚度,以便存储镀液,在脱脂棉外要包几层布套,布套即要防酸碱,又要耐磨和抗氧化性。在尖角和棱角处,很容易磨破,与工件造成短路,因此要特别注意。

（3）辅助器具

夹钳、镀液杯、盛液盘、挤压瓶、输液泵和旋转设备等。

（4）药品

各种前处理液（准备电净液和活化液）及刷镀工作液（本实验采用快速刷镀镍液和快速刷镀铜液）。

5.5　实验操作

1.刷镀实验中的一般问题

①刷镀工艺过程包括工件表面的准备阶段和刷镀两个阶段。准备阶段的主要目的是提高镀层的结合强度;刷镀阶段的主要目的是获得质量符合要求的镀层。

②水冲洗问题。在电净、活化工序之间均采用自来水冲洗;在最后一道活化工序和刷镀过渡层工序之间以及刷镀过渡层与工作层工序之间,一般采用蒸流水冲洗。

③刷镀前无电擦拭工件。表面开始刷镀前,在未接通电源前用刷镀笔蘸上要刷的溶液,在工件上擦拭几秒钟再通电,会提高镀层的结合强度。这是因为无电擦拭可在表面上预先使溶液充分润湿,达到 pH 值一致、金属离子均匀分布的目的。

④过渡层。过渡层是位于基体金属和工作镀层之间的特殊层。过渡层不仅与基体之间要有良好的结合性,也要与工作层之间有良好的结合性。过渡层既增大了工作层与基体的结合力,又可提高工作层的稳定性,防止工作层原子向基体中的扩散等。

⑤工作镀层位于过渡层之上的工作镀层要保证与过渡层之间有良好的结合强度,保证自身有良好的强度,满足工件的要求并有尽可能高的沉积生产率。

2.工件表面的预处理

刷镀的前处理主要包括表面清理、电净和活化。

表面清理主要是机械修整。

电净(电化学脱脂)适合所有金属,脱脂效率比较高,但碱的含量不宜太高,时间也不宜过长,否则,基体金属容易造成过腐蚀。

活化(电化学浸蚀)是将工件作为阳极,镀笔做为阴极,通以直流电流,将沾满酸性溶液的镀笔与工件磨擦,去除表面的氧化皮和锈。由于基体金属材料不同,活化液又分为许多种,各自适用的范围也不同。其中:

1♯活化液。适用于中碳钢、中碳合金钢、高碳钢、高碳合金钢、铝及铝合金、灰铸铁以及难溶金属的活化处理。

2♯活化液。适用于低碳钢、低碳合金钢以及白口铸铁等材料的镀前处理。

3♯活化液。主要用于消除高碳钢、铸铁等以及经过 1♯、2♯活化液活化后表面出现的炭黑,以提高结合力。

4♯活化液。适用于不锈钢、合金钢和镍镀层等表面的活化。

3.刷镀工作镀层

本实验只进行 2 种镀层的刷镀工艺实验。

①快速镍

该溶液略呈碱性,pH=7.5~7.8,蓝绿色,可嗅到氨水气味,镍离子含量为 53 g/L,密度 1.15 g/cm³,气耗电系数 0.104 A·h/(dm²·μm),电导率 20.5×10³/($\mu\Omega$·cm),镀层硬度 HRC45~48。

溶液的特点是沉积速度快,镀层硬度高,抗磨损,并且耐腐蚀性也较好。可在各种材料上刷镀工作层、恢复尺寸层或镀复合层,更适用于铸铁上镀底层。

其工艺规范为

工作电压	8~14 V
相对运动速度	6~12 m/min
电源极性	正接
沉积速度	12 μm/min
镀覆面积	560dm²/(L·μm)

②碱铜

碱铜溶液呈蓝紫色,pH=9.2~9.8,金属铜含量 62 g/L,比重 1.14 g/cm³,耗电系数 0.079 A·h/(dm²·μm),镀层硬度 HB250。

镀液沉积速度快,腐蚀性小,最常用作快速恢复尺寸层积填补沟槽;特别适用于铝、铸铁或铸等难镀材料上刷镀;在钢件上刷镀时,最好先用特殊镍打底,以便获得更高的结合力。镀层组织细密,厚度在 0.01 mm 时,就有良好的防渗碳、防渗氮能力。

其工艺规范如下：

工作电压	10～14 V
相对运动速度	6～12 m/min
电源极性	正接
沉积速度	7.6 μm/min
镀覆面积	710 dm² /(L · μm)

5.6　数据记录

开始时间(t_0)：　　　　完成时间(t_1)：　　　　试验时间(t_1-t_0)：

试件编号		01	02	03
试件材料				
试样尺寸	长度/mm			
	宽度/mm			
	表面积/mm²			
镀液种类		快速镍	碱铜	
电压				
最大电流				
刷镀时间				
镀速/(μm · min^{-1})				

5.7　结果处理

对于不同电压下镀制的试样的镀层质量、刷镀速度做出评价。

5.8　思考与讨论

(1)电刷镀的原理及特点是什么？

(2)刷镀的前处理的"电净"与"活化"的作用是什么？能否省略？

(3)讨论影响刷镀层质量可能的因素。

实验 6

化学镀(无电电镀)的原理与工艺

6.1 实验意义

化学镀是 20 世纪 80 年代出现的新技术,但是在我国没有专门的课程介绍此门技术,掌握此技术的科技人员也很少,让有关专业的学生实际体验一下该工艺很有必要。

化学镀也是依靠电子转移来实现沉积的。但与电镀相比,工艺上有如下的特点:①镀覆过程不需外电源驱动;②均镀能力好,形状复杂,有内孔、内腔的镀件均可获得均匀的镀层;③孔隙率低;④镀液通过维护、调整可反复使用,当然使用周期是有限的;⑤不论基体是否导体,均可施镀。

化学镀层一般具有良好的耐蚀性、耐磨性、适焊性及其它特殊的电学或磁学等性能。不同成分的镀层,其性能变化很大,因此在电子、石油、化工、航空航天、核能、汽车、印刷、纺织、机械等工业中获得日益广泛的应用。

化学镀镀覆的金属和合金种类较多,诸如 Ni-P, Ni-B, Cu, Ag, Pd, Sn, In, Pt, Cr 及多种 Co 基合金等,但应用最广的是化学镀镍和化学镀铜。

6.2 目的要求

(1)了解化学沉积金属的基本原理和酸性次磷酸盐化学镀镍反应机理。

(2)掌握酸性次磷酸盐化学镀镍工艺及操作规程。

(3)了解温度对化学镀层沉积速度与质量的影响。

6.3　基本原理

1.离子沉积的电子来源

和电沉积一样,化学镀也是一个电化学还原反应,需要供给电子,但是还原金属离子所需电子不是通过外电路供给(电沉积),而是通过溶液中的化学反应直接在材料表面上(与溶液的界面上)中产生的,即完全是一个电化学过程。完成过程有三种方式:

(1)通过电荷交换进行沉积。为实现电荷交换沉积,被镀的金属 M_1(如 Fe)必须比沉积金属 M_2(如 Cu)的电位更负。金属 M_2 在电解液中以离子方式存在。工程中称它为浸镀。当金属 M_1 完全被金属 M_2 覆盖时,则沉积停止,所以镀层很薄。铁浸镀铜,铜浸汞,铝镀锌就是这种电荷交换的结果。浸镀不易获得实用性镀层,常作为其它镀种的辅助工艺。

(2)接触沉积。除了被镀金属 M_1 和沉积金属 M_2 外,还有第三种金属 M_3。在含有 M_2 离子的溶液中,将 $M_1—M_3$ 两金属连接,电子从电位高的 M_3 流向电位低的 M_1,使 M_2 还原沉积在 M_1 上。当接触金属 M_1 也完全被 M_2 覆盖后,沉积停止。在没有自催化功能材料上化学镀镍时,常用接触沉积引发 Ni 沉积起镀。实际上这是一种电镀的特例。

(3)还原沉积。这是由还原剂被氧化而释放自由电子,把金属离子还原为金属原子的过程。其反应方程式为:

$$R^{n+} \xrightarrow{\text{催化}} 2e^- + R^{(n+2)+} \quad \text{还原剂氧化}$$
$$M^{2+} + 2e^- \rightarrow M \quad \text{金属离子还原}$$

这就是本实验的化学镀的基本原理。但随着镀种的不同,可提供电子的还原剂完全不同,多年来人们进行了很多努力,但是能成功进行化学镀的溶液配方还很少,以 Ni、Cu 最为成熟。

2.化学镀的基本条件

(1)镀液中还原剂的还原电位要显著低于沉积金属的电位,使金属有可能在基材上被还原而沉积出来。

(2)配好的镀液放置时不会产生自发分解,只有当与催化表面接触时,才发生金属沉积过程。

(3)调节溶液的 pH 值、温度时,可以控制金属的还原速率,从而调节镀覆速率。

(4)被还原析出的金属应具有催化活性,这样氧化还原沉积过程才能持续进行,镀层才能连续增厚。

（5）反应生成物不妨碍镀覆过程的正常进行,即溶液有足够的使用寿命。

3.酸性次磷酸盐化学镀镍原理

不同金属的化学镀,电子的来源是不一样的,不同的还原剂,反应方式也不相同,即反应机理并不相同。为了说明问题,这里仅以酸性次磷酸盐化学镀镍为例,说明化学沉积反应机理。但由于这个技术研究的还不够充分,目前尚无统一的认识。这里介绍比较公认的原子氢态理论和氢化物理论模型。

（1）原子氢态理论

该理论认为,镍的沉积是依靠镀件表面的催化作用,使次亚磷酸根分解析出初生态原子氢:

$$NaH_2PO_2 \Longrightarrow Na^+ + H_2PO_2^- \qquad (6-1)$$

$$H_2PO_2^- + H_2O(催化表面) \longrightarrow HPO_3^{2-} + H^+ + 2H_{abs} \qquad (6-2)$$

式中,H_{abs} 为吸附在表面的原子态氢,H_{abs} 在镀件表面使 Ni^{2+} 还原成金属镍:

$$Ni^{2+} + 2H_{abs} \longrightarrow Ni + 2H^+ \qquad (6-3)$$

同时原子态氢又与 $H_2PO_2^-$ 作用使磷析出:

$$H_2PO_2^- + H_{abs} \longrightarrow H_2O + OH^- + P \qquad (6-4)$$

还有部分原子态氢复合生成氢气逸出:

$$2H_{abs} \longrightarrow H_2 \uparrow \qquad (6-5)$$

由这一理论导出的次亚磷酸根的氧化和镍的还原反应可综合为:

$$Ni^{2+} + H_2PO_2^- + H_2O \longrightarrow HPO_3^{2-} + Ni \qquad (6-6)$$

（2）氢化物理论

这一理论认为,次亚磷酸盐在催化表面催化脱氢生成还原能力更强的氢负离子 H^-:

$$H_2PO_2^- + H_2O(催化表面) \longrightarrow HPO_3^{2-} + 2H^+ + H^- \qquad (6-7)$$

在催化表面上,H^- 使 Ni^{2+} 还原生成金属 Ni:

$$Ni^{2+} + 2H^- \longrightarrow Ni + H_2 \uparrow \qquad (6-8)$$

同时溶液中的 H^+ 与 H^- 相互作用生成 H_2:

$$H^+ + H^- \quad H_2 \qquad (6-9)$$

磷来源于一种中间产物,如偏磷酸根（PO_2^-）,在酸性界面条件下,由下述反应生成:

$$2PO_2^{2+} + 6H^- + 4H_2O \longrightarrow 2P + 3H_2 \longrightarrow + 8OH^- \qquad (6-10)$$

Ni 还原的总反应式可表示为:

$$Ni^{2+} + H_2P_2^- + H_2O \longrightarrow HPO_3^{2-} + 3H^+ + Ni \qquad (6-11)$$

上述两种理论对化学镀镍的过程都能作出一定解释,但都不能完全解释所有现象。相比较而言,原子氢态理论得到较广泛的认可。

需要指出的是,由于化学镀镍的槽液复杂,镀覆过程中的反应类型和机理尚不很清楚,特别是多元镍合金槽液中的反应更难彻底查明。

还原剂氧化释放电子过程需要能源和具有催化作用的金属表面。能源可从加热槽液获得,而催化金属,只有元素周期表中第Ⅷ族金属如钯、铑、铂、铁、钴、镍和少数贵金属如金、银等。这些金属之所以具有催化性质,主要是由于原子结构中外层的 d 电子起到脱氢剂的作用。

镀液的 pH 值会严重影响化学镀的速度和质量,图 6-1 是对速度影响的曲线。

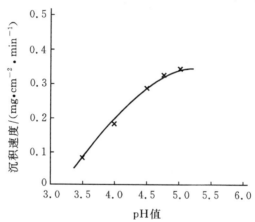

图 6-1　pH 值对酸性化学镀镍沉积速度的影响

6.4　仪器、药品和实验装置

水浴锅	每组 1 个
大小烧杯	若干个
玻璃温度计(100℃)	若干只
切板机	1 台
砂轮机	1 台
1 mm～2 mm 白碳钢版	若干条
千分尺(0～25 mm)	1 把
1 kW 盘式电炉	1 个
洗涤碱(Na_2CO_3)	1 瓶

次磷酸钠($NaH_2PO_2 \cdot H_2O$)	1 瓶
硫酸镍($Ni_4SO_4 \cdot 7H_2O$)	1 瓶
乳酸	1 瓶
试件表面处理用品	若干

6.5 实验操作

1. 配方与工艺

这类溶液的特点是溶液比较稳定而易于控制,沉积速度较高,镀层含磷量较高(通常为 7%~11%)。工程上一般都使用这类溶液。表 6-1 给出了一种酸性次磷酸盐化学镀镍的配方及工艺条件。

表 6-1 酸性次磷酸盐化学镀镍的配方及工艺条件

溶液组成及工艺条件	数值
硫酸镍($NiSO_4 \cdot 7H_2O$)/(g・L^{-1})	20~30
次磷酸纳($NaH_2PO_2 \cdot H_2O$)/(g・L^{-1})	20~24
乳酸(85%)/(g・L^{-1})	25~34
丙酸/(g・L^{-1})	2.0~2.5
温度/℃	90~95
pH 值	4.4~4.8

表 6-2 给出了酸性次磷酸盐化学镀镍的一些常用配方。如果学生有兴趣,也可以选为实验。

表 6-2 酸性次磷酸盐化学镀镍的一些配方

溶液组成及工艺条件	配方1	配方2	配方3	配方4	配方5	配方6	配方7
硫酸镍($NiSO_4 \cdot 7H_2O$)/(g・L^{-1})	20~30	20	25~35	20~34	28	25	23
次磷酸钠($NaH_2PO_2 \cdot H_2O$)/(g・L^{-1})	20~24	27	10~30	20~35	30	30	18
乙酸钠($CH_3COONa \cdot 3H_2O$)/(g・L^{-1})	—	—	7	—	—	20	
柠檬酸($C_6H_8O_7 \cdot H_2O$)/(g・L^{-1})	—	—	—	—	15	30	
柠檬酸钠($Na_3C_6H_5O_7 \cdot 2H_2O$)/(g・L^{-1})	—	—	10				

溶液组成及工艺条件	配方1	配方2	配方3	配方4	配方5	配方6	配方7
乳酸(85%)($C_3H_6O_3$)/(g·L^{-1})	25～34	—	—	—	27	—	20
苹果酸($C_4H_6O_5$)/(g·L^{-1})	—	—	—	18～35	—	—	15
丁二酸($C_4H_6O_4$)/(g·L^{-1})	—	16	—	16	—	—	12
丙酸($C_3H_6O_2$)/(g·L^{-1})	2.0～2.5	—	—	—	—	—	—
稳定剂/(g·L^{-1})	Pb 1～4	—	—	Pb 1～3	—	硫脲+Pb	Pb 1
pH 值	4.4～4.8	4.5～5.5	5.6～5.8	4.5～6.0	4.8	5.0	5.2
温度/℃	90～95	94～98	85	85～95	87	90	90

2. 操作流程

除 油 → 水 洗 → 除 锈 → 水 洗 → 浸于镀液(25 min)

3. 操作步骤

①将计算量的各种化学药品分别用适量的水溶解。

②将配位剂与缓冲剂溶液互相混合,然后将镍盐溶液倒入其中,搅拌均匀。

③将除次磷酸钠以外的其他溶液依次加入,搅拌均匀。

④在搅拌下加入次磷酸纳溶液。

⑤用水稀释至规定体积,再用酸溶液调 pH 至规定值。

⑥过滤之。

⑦铜片镀前表面清洁处理(也可用铁片实验,但不清晰)。

⑧将铜片放入化学镀镍溶液中,用干净铁丝轻触铜片,反应 20～30 min。

说明：

对于铜基质镀件由于金属铜本身不具有催化活性,要用铁等活泼金属进行引发,当引发后在镀件表面会沉积具有催化活性的镍,可使反应继续进行。

由于在化学沉积 Ni 的过程中会产生 H^+ 而导致溶液的 pH 下降,而溶液的 pH 对镀液、工艺及镀层的影响很大,因此,维持 pH 稳定非常重要。

6.6　数 据 记 录

开始时间(t_0)：　　　　　　取出时间(t_1)：　　　　　试验时间(t_1-t_0)：

试件编号		01	02	03
试件材料				
试样尺寸	长度/mm			
	宽度/mm			
	厚度/mm			
	表面积/mm²			
镀液种类		Ni-P		
镀液温度(推荐)				
镀液温度(1)				
镀液温度2)				
pH(推荐)		4.6		
pH　　　(1)		5		
pH　　　(2)		3.0		
镀速/($\mu m \cdot h^{-1}$)		温度(90℃) 温度(1) 温度(2) pH(4.6) pH(1) pH(2)		

6.7　结 果 处 理

(1)对于化学镀 Ni 推荐参数下镀制的试样的镀层质量,镀制速度做出评价。

(2)对改变温度、pH 值后的化学镀镍工艺和质量做出评价。

6.8　思考与讨论

(1)化学镀的基本原理是什么？比较化学镀和电镀的异同。

(2)化学镀 Ni 的机理是什么？

(3) 如何调整酸性次磷酸盐化学镀 Ni 的 pH 值？

参考文献

[1] 赵文轸.材料表面工程导论[M].西安:西安交通大学出版社,1998.

[2] 魏宝明.金属腐蚀理论及应用[M].北京:化学工业出版社,2002

[3] 李华为.电镀工艺实验方法和技术[M].北京:科学出版社,2006.

[4] 梁志杰,臧永华.刷镀技术实用指南[M].北京:中国建筑工业出版社,1988.